このページでは、プログラミングてき思考にか
係する
かんれ
てから

JN111054

① モンシロチョウが、たまごからせい虫へと育つじゅんに―を進もう。

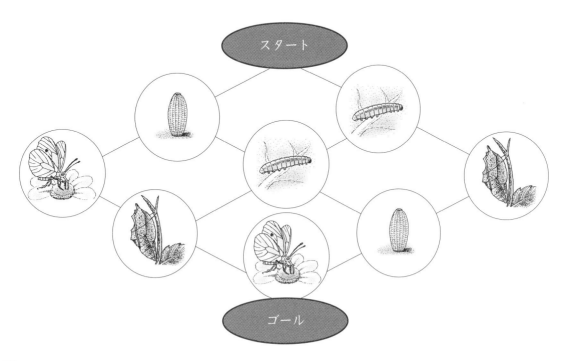

② アキアカネ（トンボ）が、たまごからせい虫へと育つじゅんに―を進もう。

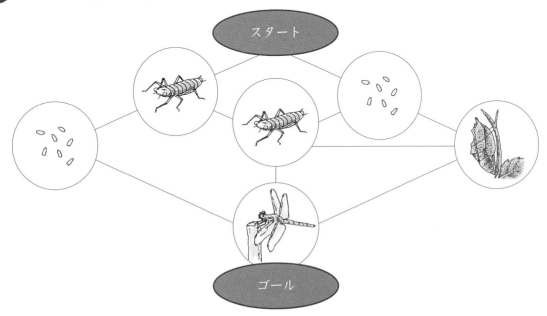

このページは理科のお話を読み、問題に答える
コーナーです。
やり終えたら、文章を読み取れているか答えを
見てたしかめましょう。

❶ ドリル王子がかいた次の文章を読んで、問いに答えよう。

　今日は、じしゃくのふしぎを調べてみたよ。じしゃくにつくものとつかないものがあるので、どんなものが、じしゃくにつくのかじっけんしたんだ。

　みんなで、用意した身の回りのものをじしゃくに近づけて、つくかどうか調べたよ。ぼくの王かんも調べたよ。けっかは下の表のようになったよ。

じしゃくについた	じしゃくにつかなかった	
空きかん（鉄） 鉄くぎ（鉄） がびょう（鉄）	空きかん(アルミニウム) 10円玉（銅） 王かん（金）	おはじき（ガラス） じょうぎ(プラスチック) ノート（紙）

じしゃくは、鉄でできているものを引きつけることがわかったよ。

(1) どんなものが、じしゃくにつくのかを調べるためにみんなで何をしたかな。本文中からぬき出して答えよう。

　　身の回りのものを（　　　　　　　　　　　　　　　　　　　　）

(2) じしゃくにつくものは、何でできているかな。　　（　　　　　）

(3) 次のもののうち、じしゃくにつくものに〇をつけよう。
　　（　　　）下じき（プラスチック）
　　（　　　）1円玉（アルミニウム）
　　（　　　）ゼムクリップ（鉄）

1 身近なしぜんのかんさつ
しぜんのかんさつ・春の植物

月　日　時間 **10**分　答え **58**ページ

名前

/100点

1 春の植物をかんさつして、下の図のようにスケッチできろくしました。それぞれの □ に、植物の名前をかこう。　　30点（1つ10点）

  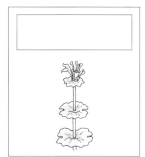

2 しぜんのかんさつに出かけるときの、持ち物や服そうについて、□ にあてはまる言葉を下の □ からえらんでかこう。同じものを2回使ってもよいです。　　30点（1つ5点）

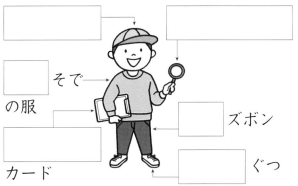

そで →　　　　　　ズボン
□ の服
カード　　　　　　ぐつ

ぼうし　長　きろく
運動　虫めがね

3 下の図で、虫めがねでよく見えるようにするために動かすほうに〇をつけよう。　　10点

（　　　）

（　　　）

※なぞっておぼえよう。

{ }の中の正しい言葉をえらんで、〇でかこもう。
※だいじなまとめにも点数があるよ。

30点（1つ15点、なぞりは点数なし）

だいじなまとめ　（ 色や形 ）は { 見て・かいで }、表面のようすはさわって、においは { 見て・かいで } 調べる。

 1「アブラナ」、「ホトケノザ」、「チューリップ」からえらびましょう。
3 虫めがねで見ているものが、動かせるものの場合、見ているものを動かします。

1 下の①〜⑤の図は、みんなでかんさつしたり、調べたりした動物です。次の問いに答えよう。

90点（1つ9点）

① ナナホシ

②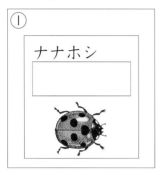

③  チョウ

④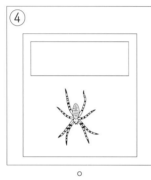

⑤ クロヤマ

| 赤と黒のもようをしていて、自分より小さい虫を食べる。 | 土の中にすをつくり、食べ物を運びこむ。 | 石の下などの日かげで見つかる。 | 白いはねにもようがあり、花のみつをすう。 | 糸をはって、えものを待ちかまえる。 |

(1) 図の □ にあてはまる言葉を入れて、動物の名前を答えよう。

(2) それぞれの動物にあてはまる文をえらんで、。と・を線でつなごう。

（　）にあてはまる言葉をかこう。

10点（なぞりは点数なし）

だいじなまとめ
（ ダンゴムシ ）が石の下など日かげにいるように、動物ごとに、（　　　　　）にしている場所にとくちょうがある。

 1 (1)「テントウ」、「クモ」、「ダンゴムシ」、「アリ」、「モンシロ」からえらびましょう。

1 みんなで春のしぜんについて調べました。行ったじゅんに、下の図の（　）に、1〜3の番号をかこう。

全部できて30点

かんさつけっかをみんなに発表して話し合う。

（　　）

かんさつしたことをきろくする。

（　　）

かんさつする。

（　　）

2 次の生き物の名前を下の □ からえらんでかこう。

10点（1つ5点）

①（　　　　　　　）

②（　　　　　　　）

| ナナホシテントウ　ダンゴムシ |
| ホトケノザ　チューリップ |

① 石の下のしめったところで見つけた。

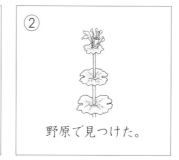

② 野原で見つけた。

3 次の①〜⑥の動物や植物をかんさつするとき、安全のためにとくに気をつけるものには○、そうでないものには×をかこう。

60点（1つ10点）

①（　　　　）かんだり、さしたりする動物

②（　　　　）空をとぶ動物

③（　　　　）白い植物

④（　　　　）かぶれる植物

⑤（　　　　）どくのある動物

⑥（　　　　）土の中の動物

4

2 たねをまこう

たねのまきかた

月 日	時間 **10**分	答え **58** ページ
名前		
		/100点

1 下の図は、公園や野原などで見かける植物の、花とたねです。次の問いに答えよう。

60点（1つ10点）

花 ☐	花 ☐	花 ☐
たね ● （じっさいの大きさ）	たね （じっさいの半分）	たね （じっさいの半分）

校庭の花だんでも見かけるね。

(1) 上の図の ☐ に、それぞれの植物の名前を、下の ☐ からえらんでかこう。

> ヒマワリ　マリーゴールド　ホウセンカ

(2) 下の図は、大きいたねをまくようすです。 ☐ にあてはまる言葉をかこう。

☐ を入れる。　　☐ をまくあなをあけて、たねをまく。　　☐ をやる。

2 次の☐に、「ヒマワリ」、「ホウセンカ」からあてはまる言葉をかこう。30点（1つ15点）

(1) ☐☐☐☐のたねは平たく、白と黒のしまもようがある。

(2) ☐☐☐☐☐のたねは茶色で、小さくてかたい。

(1) _____

(2) _____

10点（なぞりは点数なし）

だいじなまとめ

たねは { 土・アスファルト } にまき、（ 水 ）をかける。

 ヒント **1** (2)植物は、どのようなところに生えているかを考えましょう。また、じょうろに入れて植物にかけるものを考えましょう。

1 下の図は、ホウセンカとヒマワリの、めが出てから育つようすです。図の □ にあてはまる言葉を、下の □ からえらんでかこう。同じものを2回使ってもよいです。**実験**

40点（1つ10点）

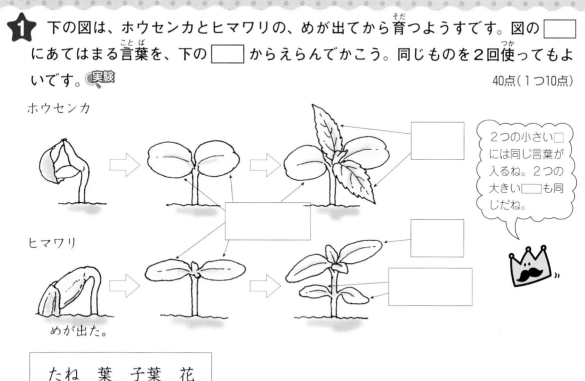

ホウセンカ

2つの小さい□には同じ言葉が入るね。2つの大きい□も同じだね。

ヒマワリ

めが出た。

たね　葉　子葉　花

2 下の図は、ビニルポットからプランターへ、ホウセンカを植えかえるようすです。 □ にあてはまる言葉をかこう。**実験**

30点（1つ15点）

□
を外す。

土に植える。

□ をやる。

↩ 30点（1つ10点、なぞりは点数なし）

だいじな
まとめ

たねから（ め ）が出て、はじめに出るのは { 子葉・花 } で、次に出るのは { 子葉・葉 } である。子葉と葉は { 同じ・ちがう } 形をしている。

 ヒント **2** 「水」、「ビニルポット」からえらびましょう。

⭐1 下の図は、ホウセンカのめばえをきろくしたカードです。□にあてはまる言葉をかこう。💡ヒント 実験
30点（1つ10点）

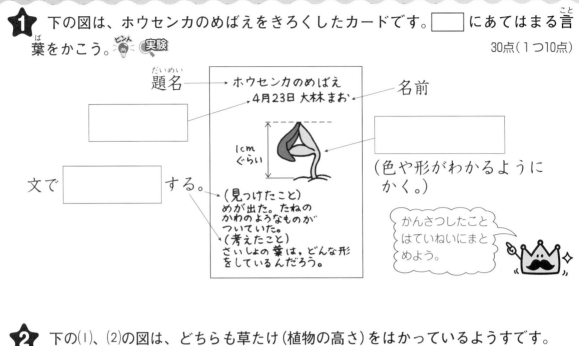

題名 → ホウセンカのめばえ
4月23日 大林まお ← 名前

1cm
ぐらい

文で □ する。

（見つけたこと）
めが出た。たねの
かわのようなものが
ついていた。
（考えたこと）
さいしょの葉は、どんな形
をしているんだろう。

□
（色や形がわかるように
かく。）

かんさつしたこと
はていねいにまと
めよう。

⭐2 下の(1)、(2)の図は、どちらも草たけ（植物の高さ）をはかっているようすです。
（　　）にあてはまる言葉を、下の□からえらんでかこう。実験　20点（1つ10点）

(1) ものさしで、（　　）からいちばん上の葉のつけ根までをはかっている。

(2) 紙（　　）を使って、はかっている。

テープ　地面

⭐3 次の□に、あてはまる言葉をかこう。
30点（1つ15点）

(1) かんさつしたことは、文とスケッチで□□□する。　(1) _____

(2) 見つけたことや考えたことは、□できろくする。　(2) _____

↰20点（なぞりは点数なし）

だいじな
まとめ
（きろく）をつづけていき、きろくカードをためると、
どのように ｛ 育ってきたか・めが出たかだけ ｝ がわかる。

💡ヒント ⭐1「スケッチ」、「日づけ」、「きろく」からえらびましょう。きろくは、あとで見たときにわかるように、いつきろくしたのか、何をきろくしたのかがわかるようにかきます。

1 下の①〜③のたねをまいて育てると、それぞれどんな花がさきますか。あ〜うの図からえらんで、（　）に記号をかこう。また、植物の名前を、下の□□からえらんで、（　）にえ〜かの記号でかこう。　　　　　　　30点（1つ5点）

① 花（　　）　名前（　　）

② 花（　　）　名前（　　）

③ 花（　　）　名前（　　）

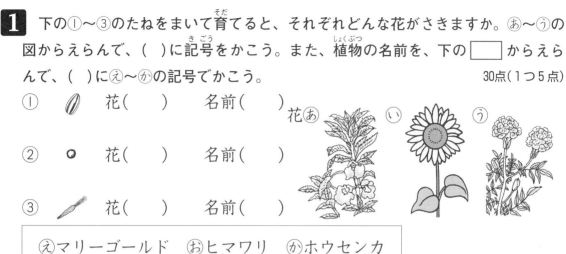

花あ　　　い　　　う

| え マリーゴールド　お ヒマワリ　か ホウセンカ |

2 下のあ〜うの図は、ホウセンカのめが出てから葉が出るまでのようすです。育つじゅん番に、（　）にあ〜うの記号をかこう。**実験**　　　全部できて40点

あ　　　　　　い　　　　　　う

正しいじゅん番　1番目（　　）⇨ 2番目（　　）⇨ 3番目（　　）

3 下の図は、ヒマワリをかんさつしたきろくです。○○○○には何をかくとよいですか。右の□□からえらんで、（　）に記号でかこう。**実験**　　30点（1つ10点）

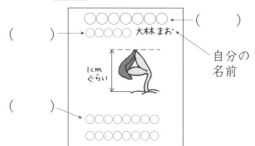

（　　）→
（　　）→ 大林まお
自分の名前
1cm ぐらい
（　　）→

| あ 日づけ　い 先生の名前 |
| う 見つけたことや考えたこと |
| え 題名 |

8

3 チョウを育(そだ)てよう
チョウのたまご・よう虫(ちゅう)

月　　日	時間**10**分	答え**59**ページ
名前		
		/100点

1 下の図は、チョウのかんさつに出かけて見つけたものです。□にあてはまる言葉(ことば)をかこう。　　　　40点(1つ10点)

アブラナの花	キャベツの葉(は)	キャベツの葉	ミカンの葉

花の　□　をすうモンシロチョウ　　モンシロチョウの　□　（黄色いつぶ）　　よう虫が食べて　□　の開(あ)いた葉　　アゲハの　□

2 モンシロチョウとアゲハのたまごを見つけて、それぞれ育てました。次(つぎ)の問(と)いに答えよう。　　　　40点(1つ10点)

(1) モンシロチョウのたまごとよう虫に○をつけよう。

（　　　）　　　（　　　）　　　（　　　）　　　（　　　）

(2) それぞれのたまごを見つけた場所(ばしょ)を、□からえらんで記号(きごう)をかこう。

モンシロチョウのたまご　　（　　　）
アゲハのたまご　　　　　　（　　　）

ⓐミカンの葉　　　ⓘ土の上
ⓤキャベツの葉　　ⓔ石の上

↲20点

だいじな
まとめ

チョウのたまごから、よう虫がかえる。よう虫は、食べ物(もの)を
{ 食べて ・ 食べないで } 育つ。

ヒント **1** 「たまご」、「みつ」、「あな」からえらびましょう。モンシロチョウはキャベツの葉に、アゲハはミカンやサンショウの葉などに、それぞれたまごをうみつけます。

⭐1 下の図は、モンシロチョウとアゲハのよう虫がせい虫になるまでのようすです。（ ）にあてはまる言葉を、下の ☐ からえらんでかこう。【実験】　60点（1つ20点）

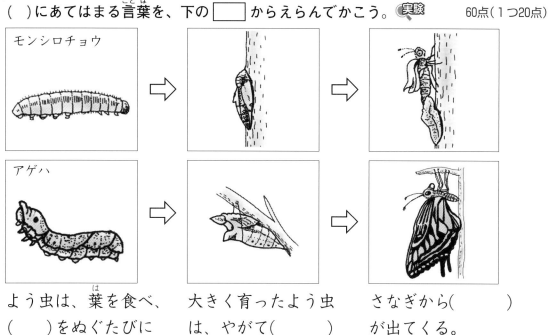

モンシロチョウ

アゲハ

よう虫は、葉を食べ、（　　）をぬぐたびに大きくなる。

大きく育ったよう虫は、やがて（　　）になる。

さなぎから（　　）が出てくる。

| さなぎ　皮　せい虫 |

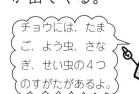

チョウには、たまご、よう虫、さなぎ、せい虫の4つのすがたがあるよ。

⭐2 次の問いの☐に、あてはまる言葉をかこう。　20点（1つ10点）

(1) チョウのよう虫は、葉を食べてふんをし、皮をぬぐたびに☐☐くなる。

(2) 大きくなったよう虫は、せい虫になる前に、☐☐☐になり、せい虫になるじゅんびをする。

(1) _____

(2) _____

20点（1つ10点、なぞりは点数なし）

だいじなまとめ

チョウの（ よう虫 ）は、大きくなると { さなぎ・たまご } になる。{ さなぎ・せい虫 } は、じっとしていて動かず、何も食べない。

2 モンシロチョウやアゲハは、たまご→よう虫→さなぎ→せい虫のじゅんに育ちます。

⭐1 下の図は、モンシロチョウの体のつくりです。 ☐ にあてはまる言葉を、下の ☐ からえらんでかこう。 実験　　　60点（1つ10点）

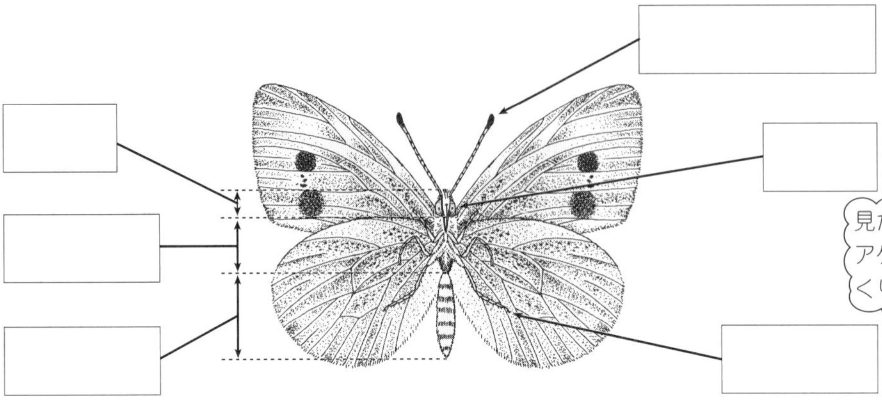

見た目はちがうけど、アゲハも同じようなつくりをしているよ。

☐ むね　頭（あたま）　しょっ角　はら　あし　目

⭐2 次（つぎ）の文で、正しいものには○、まちがっているものには×をかこう。 ヒント

20点（1つ5点）

(1) モンシロチョウもアゲハも、頭にしょっ角や目がついている。

(2) モンシロチョウのあしは6本あり、アゲハのあしは8本ある。

(3) 体が、頭・むね・はらの3つの部分（ぶぶん）からなり、むねに6本のあしがある動物（どうぶつ）を、こん虫（ちゅう）という。

(4) こん虫は、おもにはらで身（み）の回りのようすを感（かん）じ取（と）る。

(1) _____

(2) _____

(3) _____

(4) _____

20点（1つ10点、なぞりは点数なし）

だいじな
まとめ

チョウの体は、頭・むね・はらの3つの部分からできていて、{ むね・はら }にはあしが{ 6本・8本 }ついている。
このような体のつくりの動物を（ こん虫 ）という。

ヒント　⭐2 ⭐1のモンシロチョウの図を見ると、あしの数などの体のつくりがわかります。

11 まとめのテスト1

1 モンシロチョウが育っていくようすを正しく表しているものの（　）に○をつけよう。 **実験**　40点

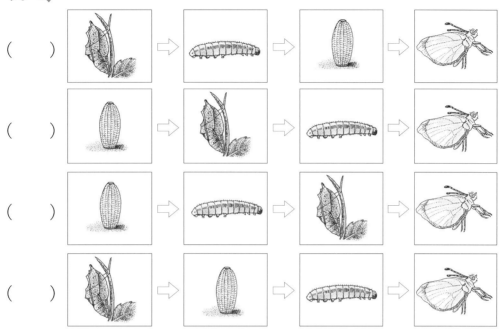

（　　）

（　　）

（　　）

（　　）

2 次のものを食べるのは、下の①～③の図のどれですか。それぞれの食べ物の（　）に番号をかこう。 **実験**　60点（1つ30点）

キャベツの葉　　　　花のみつ

（　　）　　　　　　（　　）

①

モンシロチョウの
よう虫

②

モンシロチョウの
さなぎ

③

モンシロチョウの
せい虫

12 まとめのテスト2

名前

/100点

1 アゲハとモンシロチョウがどこにたまごをうむのかを調べました。次の問いに答えよう。

60点(1つ20点)

(1) アゲハ、モンシロチョウがたまごをうむ場所をそれぞれ線でつなごう。

アゲハ

。

モンシロチョウ

。

・
キャベツの葉

・
ミカンやサンショウの葉

(2) チョウが、それぞれ決まった葉にたまごをうむ理由をかこう。

（　　　　　　　　　　　　　　　　　　　　　　　　　　　　）

2 チョウの成虫についての次の文で、正しいものには○、まちがっているものには×をかこう。

40点(1つ5点)

（　　）あしが6本ある。

（　　）あしが8本ある。

（　　）体は、頭・むね・はらの3つに分かれている。

（　　）体は、頭・はらの2つに分かれている。

（　　）あしは、はらについている。

（　　）あしは、むねについている。

（　　）はらにふしはない。

（　　）目やしょっ角で身の回りのようすを感じ取る。

1 下の図は、ホウセンカをかんさつし、きろくした草たけを、表とグラフで表したものです。グラフの □ にはあてはまる言葉を、表の □ には数字をかこう。

実験 40点（1つ10点）

ホウセンカの草たけ

草たけ
(cm)

川口つばさ

□ グラフ

調べた □ にち

ホウセンカの草たけ

日にち	4月23日	4月27日	5月8日	5月12日
草たけ	1 cm	□ cm	4 cm	5 cm

5月20日	5月30日	6月10日	6月20日
8 cm	12cm	19cm	□ cm

1 cm
ぐらい

2 cm
ぐらい

4 cm
ぐらい

2 **1**のぼうグラフを見て、□にあてはまる言葉や数字をかこう。　40点（1つ20点）

(1) たてじくは、□□□を表している。

(2) たてじくの1目もりは、□cmを表している。

(1) _____

(2) _____

20点（なぞりは点数なし）

だいじな
まとめ

草たけや、葉の数など、{ 文・数字 } で表せるものは、
（ ぼうグラフ ）をかくと、くらべやすくなる。

1 表の □ は、ぼうの長さが何目もりになっているかを、読み取ってかきましょう。

きほんのドリル

14

4 植物の育ちとつくり

植物のつくり

月 日	時間10分	答え61ページ
名前		
		/100点

1 下の図は、ホウセンカとマリーゴールドのつくりを表しています。□にあてはまる言葉を、下の □ からえらんでかこう。　　30点(1つ10点)

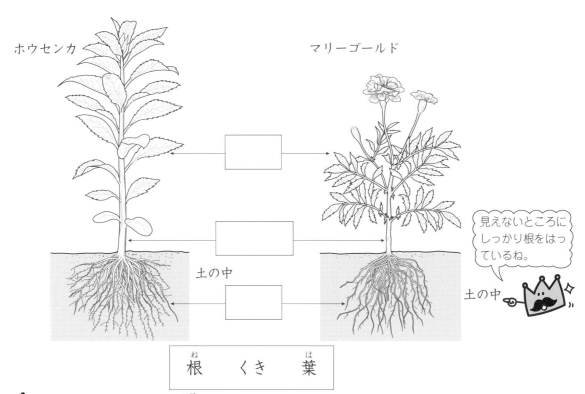

ホウセンカ　　　　　　　　　　　マリーゴールド

土の中

見えないところにしっかり根をはっているね。

土の中

根　　くき　　葉

2 **1**の植物についての次の文で、正しいものには○、まちがっているものには×をかこう。　　50点(1つ10点)

(1) 根しかないものや葉しかないものがある。　　(1) ＿＿＿＿＿

(2) 根・くき・葉がある。　　(2) ＿＿＿＿＿

(3) 葉や花は、くきについている。　　(3) ＿＿＿＿＿

(4) 葉は、根から出てくる。　　(4) ＿＿＿＿＿

(5) 植物のしゅるいによって、色、形、大きさがちがう。　　(5) ＿＿＿＿＿

20点(なぞりは点数なし)

だいじなまとめ　植物の体は、根・くき・葉からできていて、葉や花は（ くき ）につき、{ くき・根 } は土の中にのびている。

2 **1**の図をよく見ると、根・くき・葉のかんけいがわかります。

15 まとめのテスト

1 下の図は、ツユクサのつくりを表しています。次の問いに答えよう。

ツユクサ

40点（1つ10点）

くき
葉(は)
根(ね)

(1) □ にあてはまる言葉を上の □ からえらんでかこう。

(2) 根、くき、葉の形は、植物のしゅるいによってちがうかな、ちがわないかな。　　　　　　　　　　　　　　　　　　　　（　　　　　　　）

2 次の文は、下のヒマワリの図の①〜③のどの部分のことですか。（　）に①〜③の番号と、①〜③の部分のよび方をかこう。

60点（1つ10点）

(1) たねからめが出た後、子葉の次に出る部分。

番号（　　　）、よび方（　　　　）

(2) 土の中にのびて、水をすったり、体をささえたりしている部分。

番号（　　　）、よび方（　　　　）

(3) 土の上にのびている部分。葉や花はこの部分についている。

番号（　　　）、よび方（　　　　）

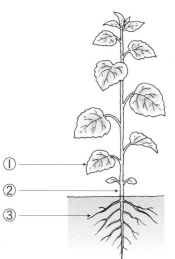

①
②
③

❶ いろいろなこん虫のよう虫を、いろいろな場所で見つけました。それぞれの ☐ に、こん虫の名前と見つけた場所を、下の ☐ からえらんでかこう。50点（1つ10点）

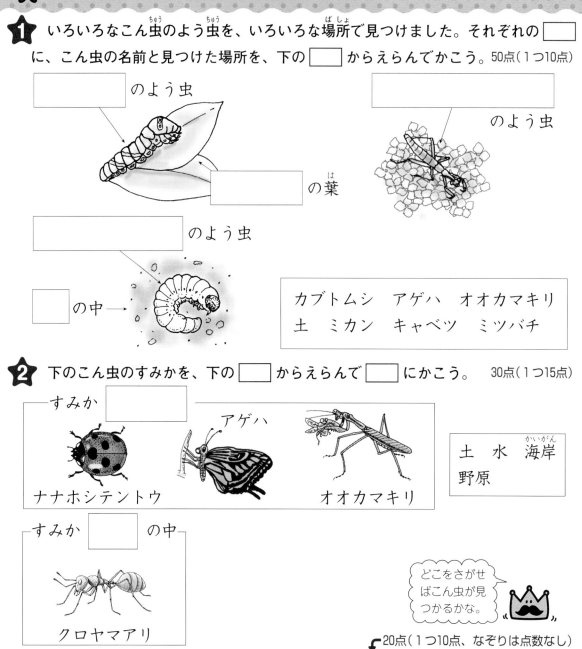

☐ のよう虫

☐ のよう虫

☐ の葉

☐ のよう虫

☐ の中 →

| カブトムシ　アゲハ　オオカマキリ |
| 土　ミカン　キャベツ　ミツバチ |

❷ 下のこん虫のすみかを、下の ☐ からえらんで ☐ にかこう。　30点（1つ15点）

すみか ☐

ナナホシテントウ　　アゲハ　　オオカマキリ

| 土　水　海岸 |
| 野原 |

すみか ☐ の中

クロヤマアリ

どこをさがせばこん虫が見つかるかな。

↰20点（1つ10点、なぞりは点数なし）

だいじなまとめ

（こん虫）は、食べ物の ｛ある・ない｝ 場所や、かくれるところがある場所に多くいる。こん虫は、まわりのしぜんとかかわり ｛合わずに・合って｝ 生きている。

18

❶ 下の図はこん虫の体のつくりを表したものです。□にあてはまる言葉をかこう。ただし、同じ番号には同じ言葉が入ります。　40点(1つ10点)

ショウリョウバッタ

④
目
あし
①
②
③

アキアカネ

①
②
③

① [　　] ② [　　] ③ [　　]

④ [　　]

モンシロチョウ

④
目
口
①
②
③

❷ 次の文の□に、あてはまる言葉をかこう。　30点(1つ10点)

(1) こん虫は、頭についている目や□□□□で、身の回りのようすを感じ取る。

(2) こん虫の体は、頭・むね・□□の3つに分かれている。

(3) こん虫のむねには、6本の□□がついている。はねのあるこん虫もいる。

(1) _____

(2) _____

(3) _____

30点(1つ10点)

だいじな
まとめ

こん虫のせい虫の体は、目やしょっ角がある(　　　)、6本のあしがある(　　　　)、(　　　　)の3つに分かれている。

ヒント ❶「頭」、「むね」、「しょっ角」、「はら」からえらびましょう。
ヒント ❷「はら」、「あし」、「しょっ角」からえらびましょう。

1 下の図は、こん虫の育つようすを表しています。□□にあてはまるこん虫の名前や、育つとちゅうを表す言葉をかこう。こん虫の名前は「モンシロチョウ」、「アキアカネ」からえらぼう。🔆

50点（1つ10点）

	（トンボ）

（チョウ）

たまご

2 次のこん虫の育ちについての文で、正しいものには○、まちがっているものには×をつけよう。

10点（1つ5点）

（　　　）バッタやトンボは、よう虫の次にさなぎになる。

（　　　）チョウのよう虫は皮をぬいで大きくなる。

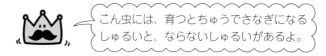

こん虫には、育つとちゅうでさなぎになるしゅるいと、ならないしゅるいがあるよ。

🔻40点（1つ10点なぞりは点数なし）

だいじなまとめ

こん虫には、チョウのように、（ たまご ）→（　　　　　）→（　　　　　）→（　　　　　）のじゅんに育つものと、トンボのように、たまご→（　　　　　）→せい虫のじゅんに育つものがある。

🔆 **1** 育つとちゅうは、「よう虫」、「さなぎ」、「せい虫」からえらびましょう。

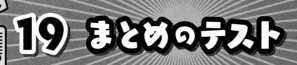

19 まとめのテスト

月　日　時間15分　答え62ページ

名前

/100点

1 下のあ～かの図には、こん虫ではないものが２ついます。下の(　)に記号をかこう。

20点(１つ10点)

あ

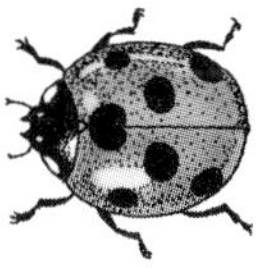

い

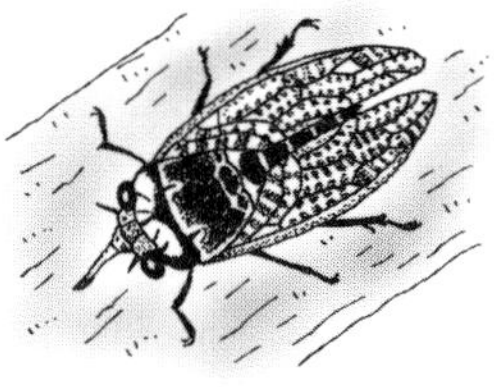

う

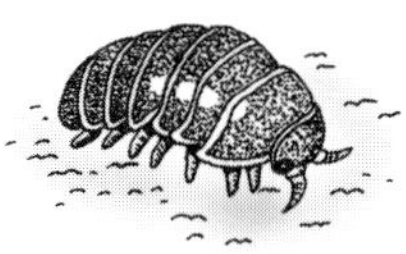

え

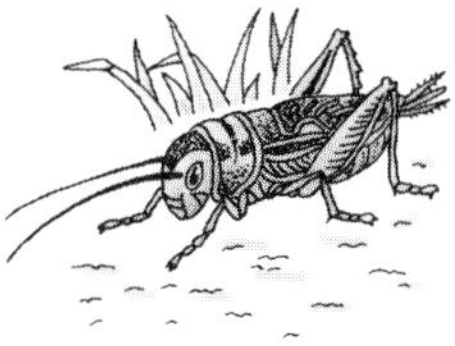

お

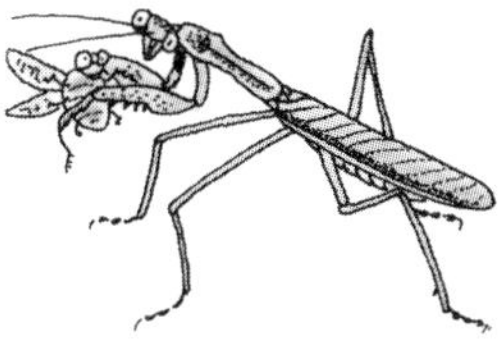

か

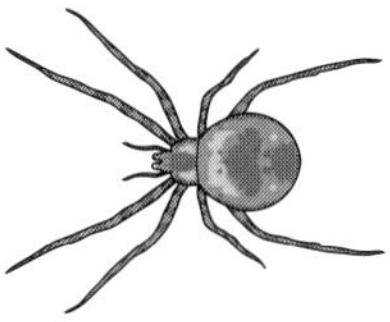

こん虫ではないもの(　　)(　　)

2 下のあ～えの図のこん虫について、次の問いに記号で答えよう。　40点(１つ10点)

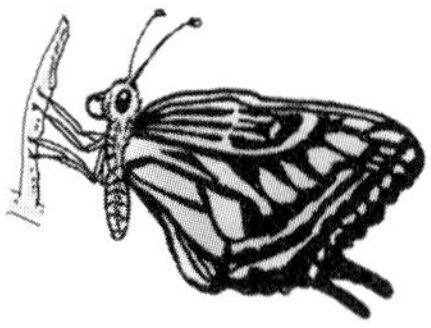

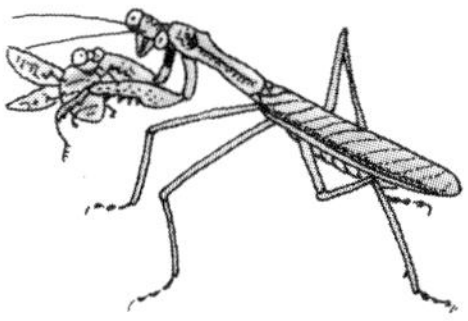

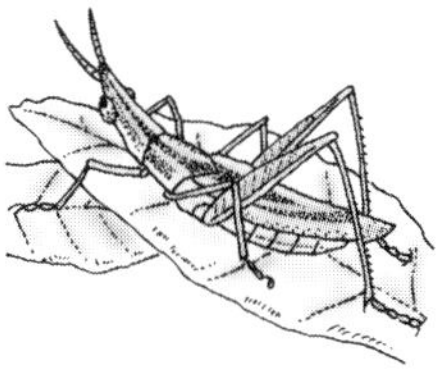

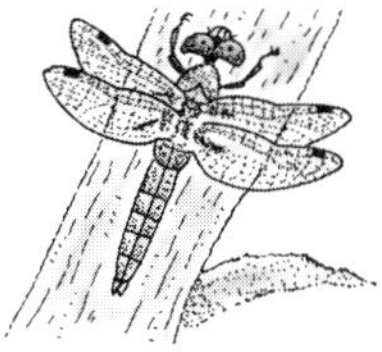

あアゲハ　いオオカマキリ　うショウリョウバッタ　えアキアカネ

(1) たまご→よう虫→せい虫、と育つもの。　(　　)(　　)(　　)

(2) よう虫のときは水の中でくらすもの。　(　　)

3 次の文で、モンシロチョウについてかかれたものには「モ」、アキアカネについてかかれたものには「ア」とかこう。

40点(１つ10点)

(　　)せい虫の食べ物は、花のみつである。

(　　)せい虫の食べ物は、ほかの虫である。

(　　)さなぎになる。

(　　)さなぎにならない。

⭐**1** 下の図は、3しゅるいの植物の、花がさく前からさいた後のようすを表しています。□ にあてはまる植物の名前や言葉をかこう。💡 50点（1つ10点）

[　　　　　]

[　　　　　]

[　　　　　]

つぼみ　　　　　[　　]　　　　　たね

（ふきだし）植物も育つとすがたがかわっていくね。

⭐**2** 次の文で、正しいものには〇、まちがっているものには×をかこう。

30点（1つ10点）

(1)　実は、花がさく前にできる。💡　　　　(1) _____

(2)　実は、花がさいた後にできる。　　　　(2) _____

(3)　実の中には、花びらが入っている。　　(3) _____

20点（1つ10点、なぞりは点数なし）

だいじなまとめ　（ 実 ）は ｛ 花・葉 ｝ がさいた後にでき、｛ たね・根 ｝ が入っている。

💡 **1** 植物の名前は、「マリーゴールド」、「ヒマワリ」、「ホウセンカ」からえらびましょう。

2 (1) **1** の図を見ると、花がさく前と後のようすがわかります。

1 下の図は、ホウセンカが育つじゅんじょを表しています。□ にあてはまる言葉をかこう。 ヒント 実験

50点（1つ10点）

[　　] が出る。

根・くき・葉が大きくなる。

実の中にたねができる。

[　　] をまく。

[　　] ができる。

[　　] ができ、かれる。

[　　] がさく。

2 ホウセンカ、マリーゴールド、ヒマワリの育ち方について、次の問いに答えよう。

30点（1つ10点）

(1)　花がさいた後に、同じところにできるものは何かな。

(2)　(1)の中には何が入っているかな。

(3)　(2)は、植物を育てはじめるときに土にまくものと同じよびかたのものかな。ちがうかな。

(1) _____

(2) _____

(3) _____

⟋20点（なぞりは点数なし）

だいじなまとめ

ホウセンカ、マリーゴールド、ヒマワリなどでは、花がさいて、実ができ、（ たね ）ができるといった育ち方のじゅんじょが ｛ ちがう・同じ ｝ である。

ヒント **1**「たね」、「め」、「花」、「つぼみ」、「実」からえらびましょう。**1**の図は、植物の一生のじゅんじょを表しています。

22 まとめのテスト

1 次の(1)、(2)のそれぞれで、育つじゅんじょを正しく表しているものは⑤〜⑦のうちどれですか。正しいものの記号を（ ）にかこう。　60点（1つ30点）

(1)　ヒマワリ　正しいじゅんじょ（　　　　）

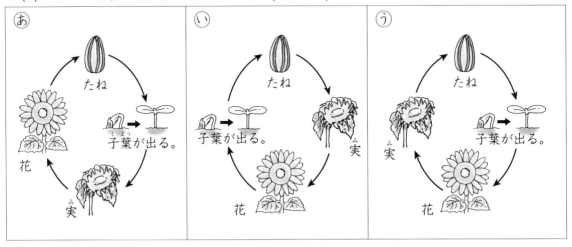

(2)　マリーゴールド　正しいじゅんじょ（　　　　）

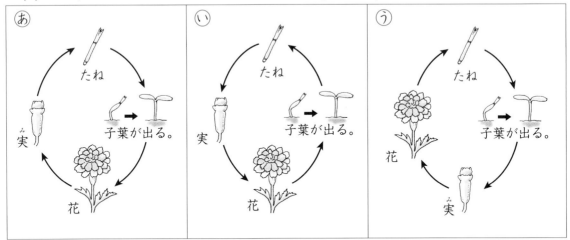

2 ホウセンカ、ヒマワリ、マリーゴールドの育ち方について、次の文で正しいものには○、まちがっているものには×をかこう。　40点（1つ10点）

（　　　）実は、根の先にできる。

（　　　）実ができた後に花がさく。

（　　　）実の中にたねが入っている。

（　　　）実は、花がついていたところにできる。

1 下の図のようにして、太陽とかげをかんさつしました。（　）にあてはまる言葉を下の□□□からえらんでかこう。**実験**　　　　20点（1つ5点）

(1)　太陽の光を（　　　　　）という。

(2)　目をいためないように、（　　　　　　　）を通して太陽を見る。

(3)　かげは、太陽の光をさえぎるものがあると、太陽の（　　　　）がわにできる。

(4)　かげがいくつかあるとき、どれも（　　　　）向きにできる。

反対　同じ　しゃ光板　日光

2 下の図で、かげの向きが正しいものには〇、まちがっているものには✕をかこう。

60点（1つ10点）

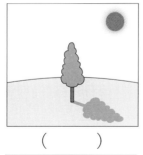
（　　　）

（　　　）

（　　　）

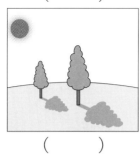
（　　　）

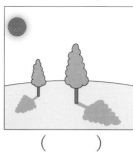
（　　　）

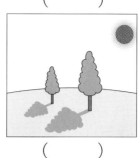
（　　　）

20点（1つ10点、なぞりは点数なし）

だいじなまとめ

かげは（ 日光 ）をさえぎるものがあると、太陽{ と同じ・の反対 } がわにできる。もののかげは、どれも { 同じ・ちがう } 向きにできる。

きほんのドリル

24

7 太陽とかげの動き

太陽のいちとかげの向き

月 日　時間10分　答え63ページ

名前

/100点

1 太陽が動いていることをかくにんするために、太陽がビルにかくれていくようすをかんさつしました。（　）にあてはまる言葉をかこう。💡 実験　30点（1つ15点）

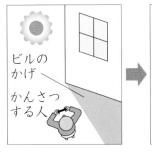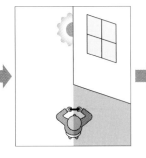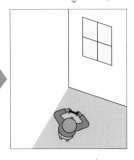

いつのまにか日かげになっていることがあるよね。

(1)　太陽をかんさつするときは、（　　　　　）を使ってかんさつする。

(2)　ビルのかげが動いているのは、（　　　　　）が動いているからである。

2 下の図のようにして、かげの向きと太陽のいちのかんけいを、1日のうちで、3回にわたり調べました。（　）にあてはまる言葉をかこう。実験　40点（1つ5点）

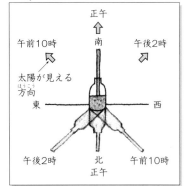

（　　　　　）の向きのきろく　（　　　　　）のいちのきろく

・きろくを見ると、かげは（　　）から北を通って（　　）へ動いている。

・きろくを見ると、太陽は（　　）から南を通って（　　）へ動いている。

・どの時間でも、かげは太陽の（　　　　　）がわにできる。

・太陽のいちをかんさつするときは、かならず（　　　　　）を使う。

30点（1つ10点、なぞりは点数なし）

だいじなまとめ　時間がたつと（太陽）は、{東・西}から{北・南}の空の高いところを通り、{東・西}へと動く。

26

 ヒント **1** 「太陽」、「しゃ光板」からえらびましょう。(2)昼間、外でできるかげは日光がさえぎられてできます。そのため、太陽が動けば、かげも動きます。

⭐1 次の問いに答えよう。　　　　　　　　　　　　60点(1つ10点)

(1) 右の図は、ほういを知るための道具です。
　　□ にあてはまる言葉をかこう。💡ヒント

(2) 図の□に、東、西、南、北のほういの
　　どれかをかこう。

(3) はりが指して止まるほういを2つかこう。💡ヒント
　　　　　　　　(　　　　と　　　　)

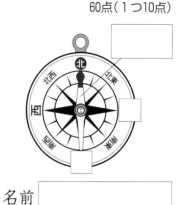

名前

⭐2 下の図は、ほういじしんとほういの合わせ方のせつめいです。□ にあてはまる言葉をかこう。🔍実験　　　　　　　　　20点(1つ10点)

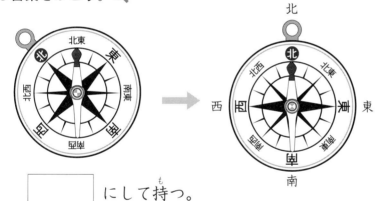

□ にして持つ。

はりが止まってから
文字ばんを回して、
□ の文字を、は
りの色のついている
ほうに合わせる。

⭐3 次の文の(　)に、あてはまる言葉をかこう。　　　　10点(1つ5点)

・ほういじしんのはりは、北と(①)を指して止まる。　①
・北に顔を向けると、右がわは東に、左がわは(②)　②
　になる。

🡐10点(なぞりは点数なし)

📝だいじな
まとめ
(ほういじしん)のはりは、{ 北と南・東と西 }を指して
止まる。

💡ヒント ⑴「はり」、「ほういじしん」からえらびましょう。⑶はりの先は2つあり、それぞれ
正反対を向いています。

26

7 太陽とかげの動き

日なたと日かげの地面のちがい

月　　日　　時間**10**分　　答え**64**ページ

名前

/100点

⭐**1** 日なたと日かげの地面のちがいをさわって調べ、表にまとめました。（　）に、「日なた」、「日かげ」のあてはまるほうをかこう。 **実験**　　　　20点（1つ10点）

日なた　　　日かげ

日なたと日かげの地面のちがい

	（　　　　　）	（　　　　　　）
明るさ	明るかった	暗かった
あたたかさ	あたたかかった	つめたかった
しめりぐあい	かわいていた	少ししめっていた

⭐**2** 下の図のように、日なたと日かげの地面の温度を、それぞれ午前9時と正午の2回ずつ温度計ではかり、けっかを表にしました。表の①、②は、日なたか日かげかを答えよう。 **実験**　　　　20点（1つ10点）

	午前9時	正午
①	14℃	20℃
②	13℃	15℃

①（　　　　　　　）
②（　　　　　　　）

⭐**3** 次の文で、正しいものには〇、まちがっているものには✕をかこう。

40点（1つ10点）

(1) 日なたは、日光が当たっている。　　　　　　　　　(1) _____

(2) 日かげの地面は、日なたの地面よりあたたかい。(2) _____

(3) ずっと日なたになっている地面はしめっている。(3) _____

(4) 日かげは日なたよりも暗い。　　　　　　　　　　(4) _____

↰20点（1つ10点、なぞりは点数なし）

だいじなまとめ

日光が当たっているところが ｛ 日なた・日かげ ｝ であり、その（地面）は ｛ あたたかい・つめたい ｝。

27

7 太陽とかげの動き
温度計の使い方

月 日	時間**10**分	答え**64**ページ
名前		
		/100点

⭐**1** 下の図は、温度計とその読み方を表しています。□ にあてはまる言葉を、下の □ からえらんでかこう。実験　　　　　　　　　　　　　　　40点（1つ10点）

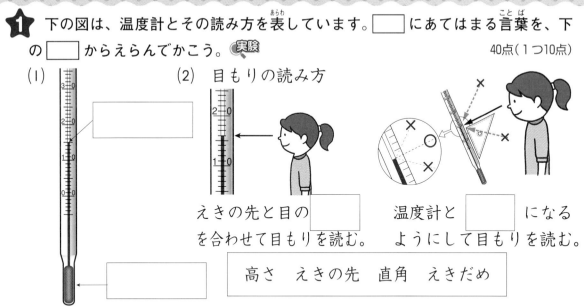

(1)

(2) 目もりの読み方

えきの先と目の □ を合わせて目もりを読む。

温度計と □ になるようにして目もりを読む。

高さ　えきの先　直角　えきだめ

⭐**2** 下の温度計の目もりを読んで、（　）に「17」、「18」の数字をかこう。ヒント 実験　　40点（1つ10点）

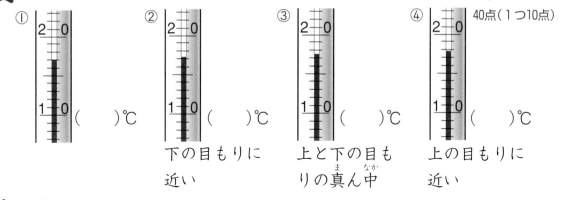

① （　）℃

② （　）℃
下の目もりに近い

③ （　）℃
上と下の目もりの真ん中

④ （　）℃
上の目もりに近い

⭐**3** 次の文で、正しいものには〇、まちがっているものには×をかこう。　10点（1つ5点）

(1) 温度は「度」と読み、「℃」とかくたんいを使う。

(2) 温度計のえきの先が動いている間に目もりを読む。

(1) _____

(2) _____

10点（なぞりは点数なし）

だいじなまとめ　（ 温度計 ）は、{ えきの先・えきだめ } にふれているものの温度をはかる。

1 次の問いに答えよう。　80点(1つ10点)

(1) 下の図の(　)に、日なたには あ、日かげには い とかこう。

温度が高い

(　　)

温度がひくい

(　　)

(2) 次の文で、日なたのとくちょうには あ、日かげのとくちょうには い とかこう。

(　　)あたたかく感じた。

(　　)つめたく感じた。

(　　)暗かった。

(　　)明るかった。

(　　)しめっていた。

(　　)かわいていた。

2 次の問いに答えよう。 実験　20点(1つ10点)

(1) 温度計を読むときの正しい向きに○をつけよう。

(　　)

(　　)

(　　)

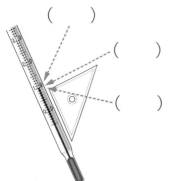

(2) 正しいほういじしんの使い方に○をつけよう。

(　　)　　　(　　)

29 まとめのテスト2

名前

1 温度計で、地面の温度をはかりました。次の問いに答えよう。（実験）50点(1つ5点)

(1) 日なたと日かげの地面の温度を、右の図のようにしてはかりました。□にあてはまる言葉をかこう。

□ をさえぎって日かげをつくる。

土の中に □ を入れる。

(2) 午前9時と正午に、日なたと日かげの地面の温度をはかりました。右の図で、上の □ には「日なた」または「日かげ」を、下の（ ）には読み取った温度を数字でかこう。

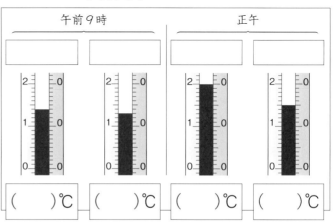

2 次の文で、**1**(2)のけっかからいえることとして、正しいものには○、まちがっているものには×をかこう。

50点(1つ10点)

(1) 同じ時こくでは、日なたの地面のほうが日かげの地面よりも温度が高い。

(2) 午前9時から正午にかけて、日なたは温度が高くなったが、日かげは日なたほど高くならなかった。

(3) 午前9時から正午にかけて、日なたは温度が高くなったが、日かげは温度がひくくなった。

(4) 午前9時の日なたと正午の日かげでは、正午の日かげの温度のほうが高かった。

(5) 日なたと日かげの温度のちがいは、正午よりも午前9時のほうが大きかった。

(1)
(2)
(3)
(4)
(5)

1 かべにはりつけただんボール紙に、かがみではね返した日光を当てました。次の問いに答えよう。💡実験

90点（1つ10点）

① かがみがないとき　　② かがみが1まいのとき　　③ かがみが3まいのとき

(1) かがみではね返した日光は、どのように進むかな。（ ）にあてはまる言葉をかこう。

　　はね返した日光は、（　　　　　　　　　　）に進む。

(2) だんボール紙が一番明るく見えるのは、かがみが何まいのときかな。□にあてはまる数字をかこう。

　　かがみが □ まいのとき。

(3) 図の①～③のそれぞれで、だんボール紙の温度をはかると、ひくいほうから、24℃、26℃、31℃でした。それぞれの□にあてはまる数字をかこう。

　　①のとき □ ℃　　　　②のとき □ ℃
　　③のとき □ ℃

(4) 次の文の（ ）にあてはまる言葉をかこう。

　　かがみではね返した日光が当たったところは（　　　　　）く、温度が（　　　　　）くなる。はね返した日光が重なるところは、より（　　　　　）く、より温度が（　　　　　）くなる。

10点（1つ5点、なぞりは点数なし）

だいじなまとめ
かがみではね返した（ 日光 ）は、{ まっすぐに・曲がりながら } 進み、たくさん重ねて当てると、当たっているところは、より { 暗く・明るく }、より温度が高くなる。

 ヒント **1** 日光などの光はかがみではね返して重ねることができます。

31 8 光と音のせいしつ
虫めがねで日光を集めよう

月　日　時間**10**分　答え**65**ページ

名前

/100点

⭐**1** 図を見て、（ ）にあてはまる言葉をかこう。**実験**　60点（1つ10点）

(1) 虫めがねで集めた日光を、黒い紙に当てて、かんさつしました。

虫めがねで日光を当てた部分の明るさは、ほかの部分より（　　　　　）。

(2) 日光が当たっている明るい部分を、大きくしたり小さくしたりしてくらべました。（ ）に「大きい」または「小さい」をかこう。

明るい部分
大きい

明るい部分
小さい

明るい部分が（　　　　）ほうが、（　　　　）ほうよりも明るい。

明るい部分が（　　　　）ほうが、（　　　　）ほうよりも紙があつくなる。

じっけんをするときは、かならず水を入れたバケツを用意しておこう。

(3) (2)の、明るい部分を小さくして、虫めがねで黒い紙に日光を当てつづけました。

やがて紙が（　　　　）て、けむりが出てくる。

⭐**2** 虫めがねで日光を集めて、黒い紙に当てました。次の文の□に、あてはまる言葉をかこう。**ヒント**　20点（1つ10点）

(1) 虫めがねと黒い紙の□□□をかえると、日光が当たっている明るい部分の大きさがかわる。

(2) 日光が当たっている明るい部分が大きいほうが、小さいほうよりも明るくなく、紙が□□□ならない。

(1) _____

(2) _____

↰20点（1つ10点、なぞりは点数なし）

だいじなまとめ （虫めがね）で集めた日光は、明るい部分を小さくするほど｛明るく・暗く｝なり、｛あつく・つめたく｝なる。

 2 虫めがねで日光を当てたとき、虫めがねや紙を上下に動かすと、明るい部分の大きさがかわります。

きほんのドリル

32

8 光と音のせいしつ

音が出るときのようすとつたわり方

月 日	時間**10**分	答え**65**ページ
名前		
		/100点

1 音が出ているときのもののようすについて、（ ）にあてはまる言葉をかこう。

60点（1つ10点）

(1) ものから音が出るとき、ものは（　　　　　　）いる。

ふるえを止めると、音は（　　　　　　）。

(2) トライアングルをたたく強さをかえて、音の大きさがどうなるのかを
調べました。「大き」、「小さ」のあてはまるほうをかこう。 **実験**

トライアングルを強くたたくと、（　　　　　）な音が出

る。また、トライアングルを弱くたたくと、（　　　　　）

な音が出る。

大きい音はふるえが（　　　　　）く、小さい音はふるえ

が（　　　　　）い。

2 音がつたわるときのもののようすについて、糸電話をつくって調べます。（ ）に
あてはまる言葉をかこう。 **実験**

30点（1つ10点）

(1) 糸電話の糸をピンとはって、話します。

話しているときに糸にそっとふれると、糸

が（　　　　　　）いる。

(2) 糸電話で話しているときに、糸をつまみま

す。

糸をつまむと（　　　　　　）が止まって、

（　　　　　　）はつたわらなくなる。

🖊10点（なぞりは点数なし）

**だいじな
まとめ**

ものから音が出ているとき、ものは（ふるえて）いる。
大きい音は、ふるえが｛大きい・小さい｝。音がつたわる
とき、音をつたえているものは、ふるえている。

34

 1(1)「とまる」、「ふるえて」からえらびましょう。

33 まとめのテスト1

1 下の図のように、かべにはりつけただんボール紙に、かがみで日光をはね返して当てました。次の問いに答えよう。(実験)　　　　30点（1つ5点）

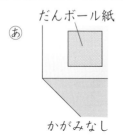
だんボール紙
あ
かがみなし

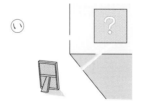
い
かがみ1まい

う
かがみ3まい

(1) だんボール紙が明るいものからじゅんばんに記号で答えよう。

1番目（　　）　2番目（　　）　3番目（　　）

(2) だんボール紙があたたかいものからじゅんばんに記号で答えよう。

1番目（　　）　2番目（　　）　3番目（　　）

2 下の図のように、虫めがねで日光を集めて黒い紙に当て、黒い紙を上下させて明るい部分の大きさをかえました。図を見て、次の文の（　）にあてはまるものを、あ〜えからえらんで記号で答えよう。(実験)　　　　40点（1つ10点）

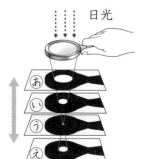
日光
あ
い
う
え

・一番明るくなるのは（　　）です。

・一番紙があつくなるのは（　　）で、一番あたたかくないのは（　　）です。

・虫めがねと黒い紙をこのままにしたとき、一番はやく紙がこげて、けむりが出てくるのは（　　）です。

3 光のせいしつについて正しいものには〇、まちがっているものには×をかこう。

(1) かがみではね返した日光は、曲がりながら進む。

(2) かがみではね返した日光は、たくさん重ねて当てると、より明るくなる。

(3) 虫めがねで集めた日光は、明るい部分を小さくするほど明るくなる。

30点（1つ10点）

(1) _____

(2) _____

(3) _____

34 まとめのテスト2

1 音が出ているときのもののようすについて、トライアングルなどを使って調べました。次の問いに答えよう。**実験**　　　　　　　　　　　　　　　45点（1つ15点）

①強くたたいたトライアングル

②弱くたたいたトライアングル

(1)　音が出ているものは、ふるえていますか。それとも、ふるえていませんか。　　　　　　　　　　　　　　　　　　　（　　　　　　　　　　）

(2)　図の①と②で、小さい音が出ているのは、どちらのトライアングルですか。記号で答えよう。　　　　　　　　　　　　　　（　　　　　）

(3)　たいこの音が2回きこえました。2回目のほうが、1回目より小さな音でした。ふるえが大きかったのは、1回目ですか、2回目ですか。

（　　　　　　　　　）

2 音の大きさについて、（　）にあてはまる言葉を、「大きい」、「小さい」からえらんでかこう。　　　　　　　　　　　　　　　　　　　　全部できて25点

音の大きさ	音が出ているもののふるえ
音が（　　　　　　）	ふるえが小さい
音が（　　　　　　）	ふるえが大きい

3 音がつたわるときのもののようすについて、（　）にあてはまる言葉を「つたえている」、「つたわらない」からえらんでかこう。　　　　30点（1つ15点）

(1)　音がつたわるとき、音を（　　　　　　　　　）ものはふるえている。

(2)　音をつたえているもののふるえを止めると、音は（　　　　　　　　　）。

月 日	時間 **10**分	答え**66**ページ
名前		
		/100点

1 風のはたらきを調べるために、下の図のような車をつくりました。次の問いに答えよう。 **実験**
40点（1つ10点）

(1) ◻ にあてはまる言葉を、右の ◻ からえらんでかこう。

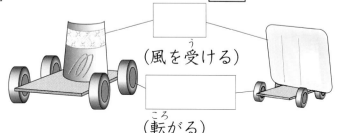

（風を受ける）

（転がる）

タイヤ
ほ

(2) 下の図は、強い風と弱い風で車を走らせたときのきょりをきろくしたものです。図の ◻ に、「強い」または「弱い」のどちらかをかこう。

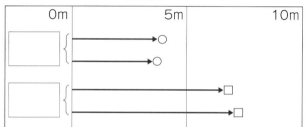

○と□は、それぞれ車が止まったいち。

2 次の文で、正しいものには○、まちがっているものには×をかこう。
30点（1つ10点）

(1) 風にはものを動かす力はない。

(2) 風の強さがかわると、ものを動かす力の強さもかわる。

(3) 風が強いときのほうが、弱いときより、ものを遠くまで動かせる。

(1) _____
(2) _____
(3) _____

30点（1つ15点、なぞりは点数なし）

だいじな
まとめ

（ 風 ）の力で、ものを動かすことが ｛ できない・できる ｝。
風が強くなるほど、ものを動かすはたらきが ｛ 大きく・小さく ｝ なる。

 1 (2)風が強いときのほうが、弱いときより、ものを動かす力は強くなります。

1 下の図のような車をつくりました。次の問いの（　）にあてはまる言葉を、下の　　　からえらんでかこう。**実験**

40点（1つ10点）

・この車は、（　　　　）の力で進む。

・わゴムは（　　　　）についている。

・車の発しゃは、車についている（　　　　）にわゴムを引っかけ、手で車を引っぱり、わゴムを（　　　　）から手をはなす。

車のうらのようす　クリップ　わゴム　発しゃ台

発しゃ台　クリップ　ゴム　のばして

2 ❶の車で、わゴムを引っぱる長さと、わゴムの本数をかえて、車の走るきょりを調べました。**ヒント** **実験**

40点（1つ10点）

①引っぱる長さをかえる。

　　　に「長い」または「短い」のどちらかをかこう。

②本数をかえる。

　　　に「1本」または「2本」のどちらかをかこう。

3 次の文で、正しいものには〇、まちがっているものには×をかこう。10点（1つ5点）

(1) わゴムの本数を多くすると、力は弱くなる。　(1)

(2) わゴムを長く引っぱると、力は強くなる。　(2)

10点（1つ5点、なぞりは点数なし）

だいじなまとめ

（ゴム）の力で、ものを動かすことが {できる・できない}。ゴムを長くのばすほど、ものを動かすはたらきは {小さく・大きく} なる。

ヒント **2** わゴムの力は、長く引っぱるほど、また本数が多いほど、強くなります。

37 まとめのテスト

1 下の図は、あ〜かのようにして、それぞれ車を走らせるようすとそのけっかです。図の（　）に、あてはまるものの記号をかこう。 **実験** 　60点（1つ10点）

(1) 風で動く車に、強い風を当てる場合と弱い風を当てる場合

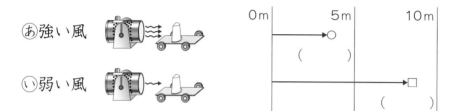

あ 強い風

い 弱い風

0m　　　5m　　　10m

（　　　）

（　　　）

(2) ゴムで動く車のわゴムを、長く引っぱる場合と短く引っぱる場合

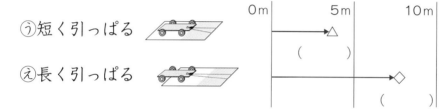

う 短く引っぱる

え 長く引っぱる

0m　　　5m　　　10m

（　　　）

（　　　）

(3) ゴムで動く車を、わゴム1本で引っぱる場合と2本で引っぱる場合

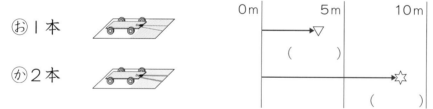

お 1本

か 2本

0m　　　5m　　　10m

（　　　）

（　　　）

2 下の図は、プロペラで動く車です。次の問いに答えよう。　40点（1つ10点）

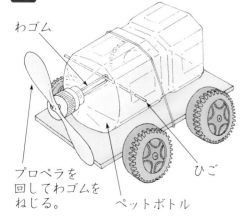

わゴム

プロペラを
回してわゴムを
ねじる。

ペットボトル

ひご

(1) 図の車を動かすのにりようしている力を、右の　□　から2つえらんでかこう。

（　　　）の力

（　　　）の力

| 日光　ゴム |
| 風　　水 |

(2) 図の車をより遠くまで動かすものには〇、そうでないものには△をかこう。

（　　　）わゴムの本数をふやす。

（　　　）わゴムをねじる回数をへらす。

⭐1 かん電池を使って豆電球に明かりをつけるとき、次の問いに答えよう。

(1) ◻ にあてはまる言葉を、下の ◻ からえらんでかこう。50点(1つ5点)

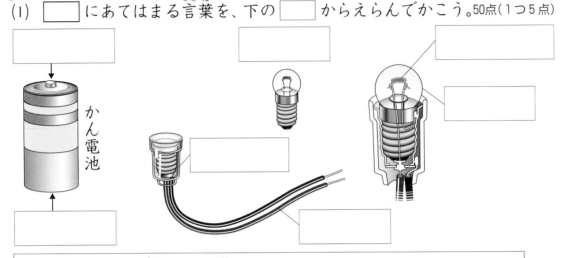

| ガラス　どう線　＋きょく　－きょく　豆電球　ソケット　フィラメント |

(2) 下の図で、豆電球に明かりがつくつなぎ方には〇、つかないつなぎ方には×をかこう。🔦 実験

（　　）
（　　）
（　　）

＋きょくと－きょくにつながっているのはどれかな？

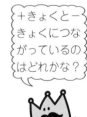

⭐2 次の問いの◻に、あてはまる言葉をかこう。　　30点(1つ10点)

(1) 明かりがつくとき、豆電球に電池の◻◻◻◻と◻◻◻◻が、どう線で1つのわのようにつながっている。

(1) ＿＿＿＿＿＿＿＿＿＿＿

(2) 明かりがつくときの電気の通り道を◻◻という。

(2) ＿＿＿＿＿＿＿＿＿＿＿

20点(1つ10点、なぞりは点数なし)

だいじなまとめ 📝

かん電池の＋きょく、（豆電球）、かん電池の－きょくを、1つの「わ」のようにどう線でつなぐと、豆電球の明かりは ｛ つく・きえる ｝。このような電気の通り道を ｛ 円・回路 ｝という。

ヒント  ⭐1 (2)豆電球と電池の＋きょく、－きょくが1つのわのようにつながっていないと、明かりはつきません。

10 電気で明かりをつけよう
豆電球と電池のつなぎ方②

1 ソケットを使わないで、豆電球と電池にちょくせつどう線をつなぎました。図の（ ）に、正しいつなぎ方には〇、まちがったつなぎ方には×をかき、文の（ ）にあてはまる言葉をかこう。　**実験**　　　　　40点（1つ10点）

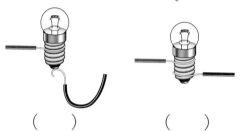

（　　）　　　（　　　）

豆電球にちょくせつどう線をつなぐときは、（　　　　　　）のフィラメントに電気が通る（　　　　　）になるようにつなぐ。

2 下の図と文は、どう線どうしをつなぐようすです。（ ）に、「ビニル」、「ビニルテープ」からえらんであてはまる言葉をかこう。　**実験**　　　20点（1つ10点）

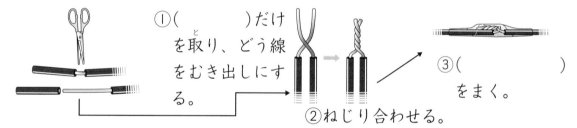

①（　　　　　）だけを取り、どう線をむき出しにする。

②ねじり合わせる。

③（　　　　　　　）をまく。

3 次の問いの□に、あてはまる言葉をかこう。　　　　　30点（1つ10点）

(1)　明かりがつくとき、かん電池の＋きょくと－きょくと豆電球は、1つの□のようにつながっている。

(2)　豆電球の中にも、電気が通る□□□がある。

(3)　どう線を長くしても、豆電球とかん電池とどう線が□□になっていれば明かりがつく。

(1)
_____
(2)
_____
(3)
_____

↳10点（1つ5点、なぞりは点数なし）

だいじな
まとめ

（ かん電池 ）の＋きょく、豆電球、かん電池の（　　　）きょくを、1つの「わ」のようにどう線でつなぐと、豆電球の明かりがつく。このような電気の通り道を（　　　　　）という。

ヒント　**1** 文の（ ）には、「回路」、「豆電球」からえらびましょう。
　　　　3 「回路」、「わ」、「通り道」からえらびましょう。

1 下の図のようなそうちをつくり、電気を通すものと通さないものを調べました。次の問いに答えよう。（実験）

80点（1つ8点）

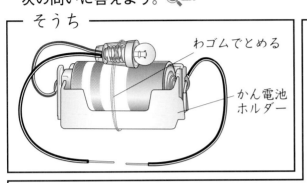

そうち

わゴムでとめる

かん電池
ホルダー

そうちで調べたもの

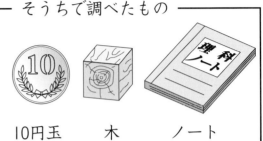

10円玉　　　木　　　ノート

（　）　（　）　（　）

プラスチック
の部分（　）

はさみ

鉄の部分
（　）

色（とりょう）が
ぬっていない部分（　）

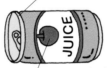

空きかん

色（とりょう）が
ぬってある部分（　）

アルミニウムはく
（　）

(1) 図の（　）に、そうちの明かりがついたものには〇、つかないものには
　　×をかこう。

(2) 次の文の（　）にあてはまる言葉を、下の□□□からえらんでかこう。

・明かりがついたものは、（　　　　　）を通した。

・電気を通すせいしつがある、鉄や銅、アルミ
　ニウムなどは（　　　　　）とよばれる。

金ぞく　電気　空気

20点（1つ10点、なぞりは点数なし）

だいじな
まとめ

（ 金ぞく ）は、電気を { 通す・通さない } せいしつが
あるので、金ぞくを豆電球の回路のとちゅうにつなげると、
明かりは { つく・つかない }。

1 ソケットを使わないで電池とつないで、豆電球に明かりをつけます。下の①〜⑧の中で明かりがつくものには○、つかないものには×をかこう。🔍実験

80点（1つ10点）

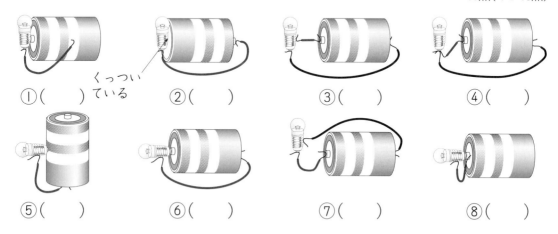

①（　）くっついている　②（　）　③（　）　④（　）

⑤（　）　⑥（　）　⑦（　）　⑧（　）

2 下の豆電球の図では、フィラメントのはし①がつながっている部分が見えます。はし②がつながっているところを㋐〜㋒からえらんで、記号で答えよう。　20点

（　）

はし①　①がつながっている部分

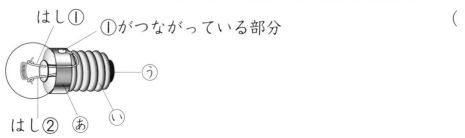

はし②　㋐　㋑　㋒

(はってん) 1つのかん電池に2つの豆電球をつなぐとき、明かりがつくつなぎ方には○、つかないつなぎ方には×をかこう。🔍実験　点数なし

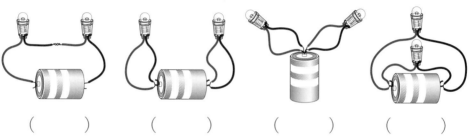

（　）　（　）　（　）　（　）

42 まとめのテスト2

1 電気を通すもの、通さないものを調べるじっけんをしました。次の問いに答えよう。 ●実験　　　　　　　　　　　　　　　　　　　　　85点(1つ5点)

(1) 下の図で、明かりがつくものには〇、つかないものには×をかこう。

クギ (鉄)　　　　　鉄 / 木 カナヅチ　　　　　コップ (ガラス)　　　　　10円玉 (銅)

（　　　）　　　（　　　）　　　（　　　）　　　（　　　）

アルミニウムはく　　　ノート (紙)　　　せんたくばさみ (プラスチック)　　　ゼムクリップ (鉄)

（　　　）　　　（　　　）　　　（　　　）　　　（　　　）

(2) 次の中で、電気を通すものには〇、通さないものには×をかこう。
　　（　　　）鉄　（　　　）木　（　　　）アルミニウム　（　　　）銅　（　　　）紙
　　（　　　）プラスチック　（　　　）ビニル　（　　　）ガラス

(3) (2)で〇をかいたものは、まとめて何とよばれるかな。　（　　　　　　　　　）

2 次の文の（　）にあてはまる言葉をかこう。　　　　　　15点(1つ5点)

　　かん電池の（　　　）きょく、豆電球、かん電池の（　　　）きょくを、1つの「わ」のようにどう線でつなぐと、豆電球の明かりがつく。このような電気の通り道を（　　　　　）という。

1 身の回りのものがじしゃくにつくかどうかを調べて表にまとめました。下の図の調べたものを、番号で表にかき入れよう。 65点(1つ5点)

― 調べたもの

① くぎ（鉄）
② 鉄のスプーン
④ ノート
⑤ はさみ（鉄の部分）
③ プラスチックのスプーン
⑥ 10円玉（銅）
⑦ 紙コップ
⑧ ガラスのコップ
⑨ 鉄のかん
⑩ アルミニウムのかん
⑪ じょうぎ（プラスチック）
⑫ がびょう（鉄）
⑬ ゼムクリップ（鉄）

じしゃくに つくもの	じしゃくに つかないもの

表にすると
わかりやすいね。

2 次の文で、正しいものには○、まちがっているものには×をかこう。

25点(1つ5点)

(1) 赤いものは、すべてじしゃくにつく。　　　　　　　(1)

(2) 電気を通すものは、すべてじしゃくにつく。　　　　(2)

(3) 金ぞくには、じしゃくにつかないものがある。　　　(3)

(4) じしゃくに近づけるとこわれてしまう電気せ　　　　(4)
　　いひんがあるので、調べるときは気をつける。　　　(5)

(5) どんな形でも鉄はじしゃくにつく。

10点(なぞりは点数なし)

だいじな
まとめ
　　　（　　　　　）でできているものは、（じしゃく）につく。

1 金ぞくでも、じしゃくにつかないものがあります。

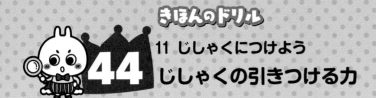
1 じしゃくとゼムクリップを使って、じしゃくの力のはたらきを調べました。下の図の（　）に、じしゃくの力がはたらいているものには○、はたらいていないものには×をかき、次の文の（　）には、あてはまる言葉をかこう。　**実験** 60点（1つ15点）

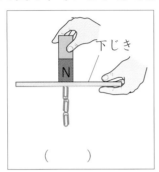

下じき

（　　　）

水

（　　　）

力の強さときょりはかんけいあるのかな？

・じしゃくとゼムクリップの間に、じしゃくにつかない下じきや空気や水などがあっても、じしゃくの力は（　　　　　　　）。じしゃくを近づけると、引きつける力は（　　　　）なる。

2 次の文で、正しいものには○、まちがっているものには×をかこう。

30点（1つ10点）

(1) じしゃくの力は、じしゃくに鉄が近いほど強くはたらく。

(2) じしゃくの力は、じしゃくと鉄の間が少しでも空くとはたらかない。

(3) じしゃくと鉄の間に、プラスチックや紙があってもじしゃくの力がはたらくが、空気や水があるとはたらかない。

(1) _____

(2) _____

(3) _____

10点（なぞりは点数なし）

だいじなまとめ

じしゃくと鉄との間にじしゃくにつかないものがあっても、
（ じしゃくの力 ）は { はたらく・はたらかない }。

ヒント **1** じしゃくの力は、じしゃくと鉄の間に、じしゃくにつかないものをはさんでもはたらきます。じしゃくの力はじしゃくに近いほど強くはたらきます。

1 じしゃくの力が強い部分がどこかを調べるために、ゼムクリップを使ってじっけんをしました。下の図で、正しいものには〇、まちがっているものには×をかき、次の文の（　）には、あてはまる言葉をかこう。💡 **実験**　　35点（1つ5点）

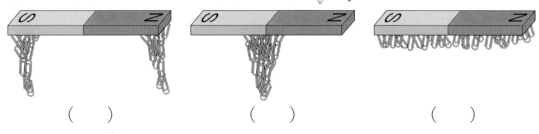

（　　　）　　　　　　　（　　　）　　　　　　　（　　　）

・じしゃくが鉄を引きつける力は、じしゃくの（　　　　　　　）がもっとも強い。

・じしゃくの力がもっとも強い両はしを（　　　　　）といい、それぞれのじしゃくに（　　　　　　　）と（　　　　　　　）がある。

2 じしゃくを使って、すな場でさ鉄を集めたとき、もっとも多くさ鉄がついた部分に〇をつけました。下の図で、正しいものには〇、まちがっているものには×をかこう。**実験**　　15点（1つ5点）

　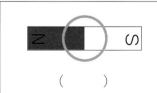　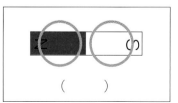

（　　　）　　　　　　　（　　　）　　　　　　　（　　　）

3 次の文で、正しいものには〇、まちがっているものには×をかこう。　20点（1つ10点）

（1）　じしゃくの真ん中に近づくほど、鉄を引きつける力が弱い。

（2）　じしゃくには、きょくがないものがある。

（1）　_____

（2）　_____

↙30点（1つ10点、なぞりは点数なし）

だいじな
まとめ

じしゃくの両はしを（　　　　）といい、力がもっとも強くはたらく。じしゃくには（Nきょく）と（　　）きょくがある。このせいしつは、じしゃくによって{ かわる・かわらない }。

💡 ﾋﾝﾄ　**1** 文の（　）には、「きょく」、「Ｓきょく」、「Ｎきょく」、「両はし」からえらびましょう。
じしゃくの力がもっとも強いところに、ゼムクリップはたくさんつきます。

46 11 じしゃくにつけよう
じしゃくのきょくのせいしつ

⭐**1** じしゃくどうしにはたらく力について、次の問いに答えよう。💡

70点（1つ10点）

(1) 下の図は、じしゃくどうしを近づけたときのものです。引き合うものには「→←」、しりぞけ合うものには「←→」をかこう。

| N | S | N | N | S | S | S | N |

（　　　　）　　　　（　　　　）　　　　（　　　　）　　　　（　　　　）

(2) 次の文の（ ）には、「Nきょく」または「Sきょく」が入ります。正しいほうをかこう。

・じしゃくとじしゃくを近づけると、Nきょくと（　　　　　　　）の間には、しりぞけ合う力がはたらく。

・じしゃくとじしゃくを近づけると、Sきょくと（　　　　　　　）の間には、しりぞけ合う力がはたらく。

・じしゃくとじしゃくを近づけると、Nきょくと（　　　　　　　）の間には、引き合う力がはたらく。

⭐**2** 次の文で、正しいものには〇、まちがっているものには×をかこう。　20点（1つ10点）

(1) じしゃくのきょくは、両はしにある。

(2) じしゃくの形によっては、SきょくとSきょくが引き合うものがある。

(1)　　　　　　　　

(2)　　　　　　　　

🔖10点（1つ5点、なぞりは点数なし）

だいじな
まとめ
2つのじしゃくの（ きょく ）を近づけると、同じきょくどうしは { 引き合う・しりぞけ合う }。ちがうきょくどうしは { 引き合う・しりぞけ合う }。

💡 **1** きょくの組み合わせは、NとN、SとS、NとS（SとN）があり、はたらきは、引き合うかしりぞけ合うかの2通りです。

⭐1 じしゃくを自由に動くようにして、止まるのを待ちました。下の図から正しいものを1つえらんで〇をつけ、下の文の（ ）には、あてはまる言葉をかこう。💡🧪実験

40点（1つ10点）

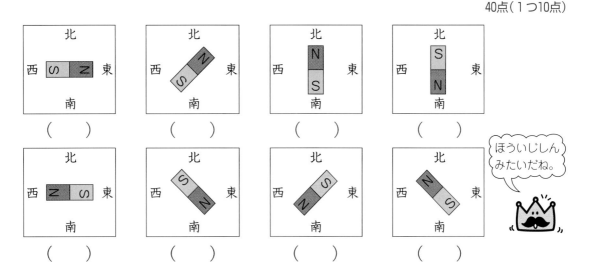

ほういじしんみたいだね。

・近くに（ 　 ）やほかのじしゃくがないところで、じしゃくが自由に動いて止まるようにすると、Nきょくは（ 　 ）、Sきょくは（ 　 ）を向いて止まる。

⭐2 次の文で、正しいものには〇、まちがっているものには×をかこう。40点（1つ10点）

(1) じしゃくを水にうかべると、Nきょくは北を向いて止まる。

(2) じしゃくを水にうかべると、Nきょくはうかべるごとにちがうほういを向く。

(3) じしゃくのSきょくは南を向く。

(4) じしゃくのSきょくは東を向く。

(1) _____

(2) _____

(3) _____

(4) _____

↙20点（1つ10点、なぞりは点数なし）

📝だいじなまとめ 自由に動き回転できるじしゃくの { Nきょく・Sきょく } は（ 北 ）を、{ Nきょく・Sきょく } は南を向いて止まる。

💡ヒント ⭐1 自由に動くじしゃくは、ほういじしんになります。ほういじしんもじしゃくの1つです。

48 11 じしゃくにつけよう
じしゃくになるもの

1 じしゃくに鉄をつけてからはなします。次の問いに答えよう。**実験**

60点(1つ15点、(2)は順不同)

(1) 下の図の正しいほうに〇をつけ、□にあてはまる言葉をかこう。

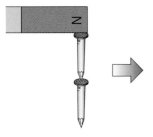

くぎをつける。

じしゃくをはなして
もくっついている。
（　　　）

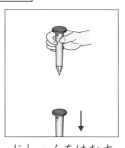

じしゃくをはなす
と落ちる。
（　　　）

・じしゃくについた鉄は、

□

になる。

(2) 下の図のように、じしゃくのSきょくにつけたくぎのきょくを調べました。□にあてはまる言葉をかこう。

・じしゃくにつけて、じしゃくになった鉄にも、

□ きょくと □ きょくができる。

2 鉄のくぎをじしゃくにつけました。次の問いに答えよう。30点(1つ10点、(2)は順不同)

(1) じしゃくにつけた後で、くぎは何のせいしつをもつようになるかな。

(2) じしゃくのきょくにつけたくぎの両はしは、何きょくと何きょくになるかな。2つ答えよう。

(1) _____

(2) _____
_____

10点(なぞりは点数なし)

**だいじな
まとめ** じしゃくにつけた（ 鉄 ）はじしゃくに { なる・ならない }。

49 まとめのテスト1

1 下の図で、じしゃくにつくものには〇、つかないものには×をかこう。

40点(1つ5点)

①鉄のかん

(　　　)

②アルミニウムのかん

(　　　)

③10円玉(銅)

(　　　)

④ガラスのコップ

(　　　)

⑤三角じょうぎ
(プラスチック)

(　　　)

⑥ゼムクリップ
(鉄)

(　　　)

⑦アルミニウムはく

(　　　)

⑧つみ木

(　　　)

2 下の図で、正しいものには〇、まちがっているものには×をかこう。　40点(1つ10点)

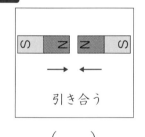

(　　　)

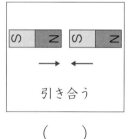

(　　　)

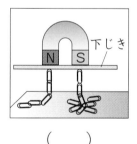

(　　　)

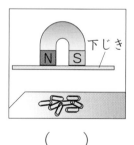

(　　　)

3 次の文で、正しいものには〇、まちがっているものには×をかこう。　20点(1つ5点)

(　　　)Nきょくどうしは引き合い、Sきょくどうしはしりぞけ合う。

(　　　)NきょくどうしもSきょくどうしもしりぞけ合う。

(　　　)きょくは、じしゃくの真ん中にある。

(　　　)きょくは、じしゃくの両はしにある。

1 鉄のくぎをじしゃくにつけました。{ }にあてはまる言葉を○でかこもう。 実験

20点（1つ10点）

・じしゃくにつけた鉄くぎは、ゼムクリップ（鉄）を {引きつけた・引きつけなかった}。またきょくが {なかった・あった}。

2 次の問いに答えよう。

80点（1つ20点）

(1) 下の図で、鉄を引きつける力がもっとも強いところを、あ〜おから2つえらんで記号で答えよう。

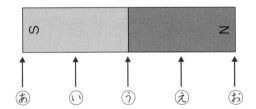

力がもっとも強いところ
（　　）（　　）

(2) 下の図のか、きはそれぞれ何きょくかな。 実験

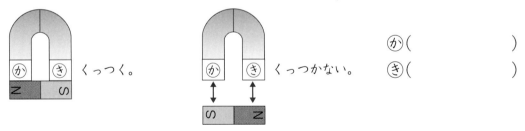

か（　　　　　）
き（　　　　　）

はってん 地球の北きょくと南きょくは、それぞれ何きょくになっているか、正しいほうに○をつけよう。ただし、自由に動くじしゃくのNきょくは、北を指します。

点数なし

月 日	時間 **10**分	答え **70** ページ
名前		
		/100 点

⭐**1** 次の問いに答えよう。　　　　　　　　　　　　50点（1つ10点）

(1) 下の図は、重さをはかる道具です。□にあてはまる言葉を、下の□からえらんでかこう。🔍**実験**

① 名前 [　　　]

・[　　　]を読む。

② 名前 [　　　]

・[　　　]で重さが表される。

> 目もり　電子てんびん　はかり　数字

(2) (1)の②で角ざとうの重さをはかったところ、右の図のように表されました。たんいの読み方を、□にカタカナでかこう。

3g

3 [　　　]

⭐**2** 次のはかりを使うときの注意の（　）に、あてはまる言葉をかこう。💡**ヒント**

(1) （　　　　　）なところにおいて使う。　　　　20点（1つ10点）

(2) 目もりを（　　　　　）から読む。

⭐**3** 下の図は、重さをはかる道具です。この道具の名前を□にかき、下の文の（　）にはあてはまる言葉をかこう。　　　　　20点（1つ10点）

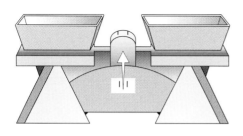

名前 [　　　]

・左右にのせたものの重さがちがうときは（　　　　　）ほうにかたむく。重さが同じときは水平になって止まる。

↰10点

だいじな まとめ	はかりやてんびんでは、ものの { 重さ・体積 } をはかる。

💡**ヒント** ⭐**2**「真正面」、「平ら」からえらびましょう。

⭐1 次の問いに答えよう。🧪実験　　　　　　　　　　60点(1つ10点)

(1) 重さと形が同じ2つのねん土があります。一方のねん土をちがう形にして、てんびんで重さをくらべました。けっかが正しいものには〇、まちがっているものには×をかこう。

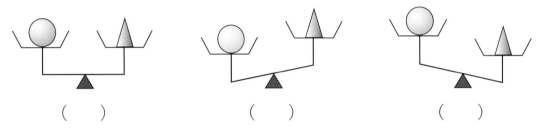

（　　　）　　　　　　（　　　）　　　　　　（　　　）

(2) 同じ重さのつみ木を3つずつ、つみ方をかえて、てんびんの左右にのせました。けっかが正しいものには〇、まちがっているものには×をかこう。

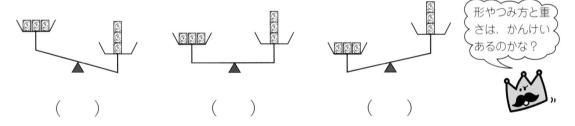

形やつみ方と重さは、かんけいあるのかな？

（　　　）　　　　　（　　　）　　　　（　　　）

⭐2 次の文で、正しいものには〇、まちがっているものには×をかこう。30点(1つ10点)

(1) ねん土のかたまりの形をうすい板のようにすると、重さは軽くなる。

(2) ねん土のかたまりに、新たにねん土をくわえたり、ねん土をけずったりしなければ、形をかえても重さはかわらない。💡

(3) つみ木はたてにつむと重くなる。

(1) _____

(2) _____

(3) _____

↰10点(なぞりは点数なし)

だいじなまとめ📝

ものの（ 形 ）をかえたり、おき方をかえたりしても
（　　　　　）はかわらない。

💡ヒント 2 (2)ねん土に、べつのねん土をくわえると、りょうがふえるので重くなります。

⭐**1** 次の問いに答えよう。 実験

50点（1つ10点）

(1) 下の図のような、同じ体積の木のおもり㋐と鉄のおもり㋑の重さを、はかりではかってくらべました。正しいけっかのほうに〇をつけよう。

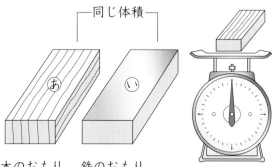

―同じ体積―

㋐

㋑

木のおもり　鉄のおもり

けっか

鉄のおもりは312g

木のおもりは　（　　　）312g

　　　　　　　（　　　） 18g

(2) (1)の2つのおもりと同じ体積で、木と鉄からできている下の図のようなおもり㋒があります。(1)の木のおもり㋐と鉄のおもり㋑、㋒を重いじゅんに答え、下の文の（　）にあてはまる言葉をかこう。

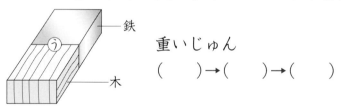

鉄

㋒

木

重いじゅん

（　　　）→（　　　）→（　　　）

・体積が同じでも、しゅるいのちがうものでできているものは、重さが（　　　　　）。

⭐**2** 次の文で、正しいものには〇、まちがっているものには×をかこう。

40点（1つ20点）

(1) 重さが65gのプラスチックのおもりと同じ体積のゴムのおもりの重さは、かならず65gになる。

(1)

(2)

(2) 鉄でできている30gのおもりと同じ体積で形のちがう鉄のかたまりの重さは、同じく30gになる。

10点（なぞりは点数なし）

だいじなまとめ

同じ（ 体積 ）のものでも、ものの { しゅるい・形 } がちがうと重さもちがう。

2 (2)同じ体積の2つのものの重さは、もののしゅるいが同じときは、形がちがっていても同じ重さになります。

54 まとめのテスト

1 下の図の①のようにして体重をはかりました。同じ人がちがったポーズで体重を はかったとき、①より重くなるポーズには〇、同じになるポーズには△、軽くなる ポーズには×をかこう。 実験　　　　　　　　　　　　　　　　　　　　　30点（1つ10点）

①　　　　　　　②　　　　　　　③　　　　　　　④

体重計　　　　（　　　）　　　　（　　　）　　　　（　　　）

2 次の文で、正しいものには〇、まちがっているものには×をかこう。
　　　　　　　　　　　　　　　　　　　　　　　　　　　　60点（1つ10点）

（　　　）重さのたんいの「g」は、「グラム」と読む。

（　　　）てんびんは、2つのものの重さをくらべることができる。

（　　　）はかりを使うときは、使う前に、はりが目もりの10を指すように調 せつする。

（　　　）ねん土で形をつくるときは、うすい形にすると軽くなる。

（　　　）ねん土で形をつくるときは、四角い形にすると重くなる。

（　　　）つみ木はつみ方によって重さがかわる。

3 同じ形、同じ体積の鉄のスプーンとプラスチックのスプーンがあります。2つの スプーンの重さをはかったとき、重いほうのスプーンに〇をつけましょう。同じ重 さのときは両方に△をつけましょう。　　　　　　　　　　　　　　　10点

鉄のスプーン　　　　　　　　　プラスチックのスプーン

（　　　）　　　　　　　　　　　　（　　　）

付録 ろん理パズル (p.1)

❶ モンシロチョウが、たまごからせい虫へと育つじゅんに―を進もう。

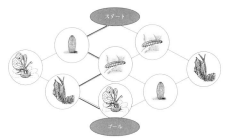

❷ アキアカネ（トンボ）が、たまごからせい虫へと育つじゅんに―を進もう。

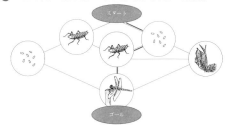

考え方 ❶ モンシロチョウは、たまご→よう虫→さなぎ→せい虫のじゅんに育ちます。アキアカネは、たまご→よう虫→せい虫のじゅんに育ちます。

付録 お話クイズ (p.2)

❶ ドリル王子がかいた次の文章を読んで、問いに答えよう。

　今日は、じしゃくのふしぎを調べてみたよ。じしゃくにつくものとつかないものがあるので、どんなものが、じしゃくにつくのかじっけんしたんだ。
　みんなで、用意した身の回りのものをじしゃくに近づけて、つくかどうか調べたよ。ぼくの王かんも調べたよ。けっかは下の表のようになったよ。

じしゃくについた	じしゃくにつかなかった	
空きかん（鉄） 鉄くぎ（鉄） がびょう（鉄）	空きかん（アルミニウム） 10円玉（銅） 王かん（金）	おはじき（ガラス） じょうぎ（プラスチック） ノート（紙）

じしゃくは、鉄でできているものを引きつけることがわかったよ。

(1) どんなものが、じしゃくにつくのかを調べるためにみんなで何をしたかな。本文中からぬき出して答えよう。
身の回りのものを（ じしゃくに近づけて、つくかどうか調べた ）

(2) じしゃくにつくものは、何でできているかな。（ 鉄 ）

(3) 次のもののうち、じしゃくにつくものに○をつけよう。
（　）下じき（プラスチック）
（　）1円玉（アルミニウム）
（○）ゼムクリップ（鉄）

考え方 ❶ (1)問いの「みんなで」がヒントになっています。(2)さい後の文から読み取ります。

1 しぜんのかんさつ・春の植物 (p.3)

⭐1 春の植物をかんさつして、下の図のようにスケッチできろくしました。それぞれの□に、植物の名前をかこう。

 アブラナ
 チューリップ
 ホトケノザ

⭐2 しぜんのかんさつに出かけるときの、持ち物や服そうについて、□にあてはまる言葉を下の□□からえらんでかこう。同じものを2回使ってもよいです。

ぼうし　虫めがね
長 そで の服
きろく カード
長 ズボン
運動 ぐつ

ぼうし　長　きろく
運動　虫めがね

⭐3 下の図で、虫めがねでよく見えるようにするために動かすほうに〇をつけよう。

□の中の正しい言葉をえらんで、〇でかこもう。
※だいじなまとめにも数字が入るよ
※なぞっておぼえよう。

だいじな まとめ
（色や形）は｛見て・かいて｝、表面のようすはさわって、においは｛見て・かいて｝調べる。

考え方 ⭐2 しぜんのかんさつに出かけるときは、長そで・長ズボンにして、運動ぐつをはき、ぼうしをかぶります。きろくカード、筆記用具、虫めがねなども持って出かけます。

2 春の動物 (p.4)

⭐1 下の①～⑤の図は、みんなでかんさつしたり、調べたりした動物です。次の問いに答えよう。

① ナナホシ テントウ
② ダンゴムシ
③ モンシロ チョウ
④ クモ
⑤ クロヤマ アリ

赤と黒のもようをしていて、自分より小さい虫を食べる。

土の中にすをつくり、食べ物を運びこむ。

石の下などの日かげで見つかる。

白いはねにもようがあり、花のみつをすう。

糸をはって、えものを待ちかまえる。

(1) 図の□にあてはまる言葉を入れて、動物の名前を答えよう。
(2) それぞれの動物にあてはまる文をえらんで、。と・を線でつなごう。

だいじな まとめ
□にあてはまる言葉をかこう
（ダンゴムシ）が石の下など日かげにいるように、動物ごとに、（すみか）にしている場所にとくちょうがある。

考え方 ⭐1 (2)動物は、色、形、大きさなどのすがたや、すみかにとくちょうがあります。すみかは、動物が食べるものや、かくれやすい場所などとかんけいがあります。

3 まとめのテスト (p.5)

⭐1 みんなで春のしぜんについて調べました。行ったじゅんに、下の図の（　）に、1～3の番号をかこう。

かんさつけっかをみんなに発表して話し合う。
（ 3 ）

かんさつしたことをきろくする。
（ 2 ）

かんさつする。
（ 1 ）

⭐2 次の生き物の名前を下の□□からえらんでかこう。
①（ダンゴムシ）
②（ホトケノザ）

① 石の下のしめったところで見つけた。

② 野原で見つけた。

ナナホシテントウ　ダンゴムシ
ホトケノザ　チューリップ

⭐3 次の①～⑥の動物や植物をかんさつするとき、安全のためにとくに気をつけるものには〇、そうでないものには×をかこう。
①（ 〇 ）かんだり、さしたりする動物
②（ × ）空をとぶ動物
③（ × ）白い植物
④（ 〇 ）かぶれる植物
⑤（ 〇 ）どくのある動物
⑥（ × ）土の中の動物

考え方 ⭐1 かんさつしたことは、きろくして発表することで、みんなのちしきになります。また、ほかの人の発表を聞くことで、ほかの人のかんさつを、自分のちしきにできます。

4 たねのまきかた (p.6)

⭐1 下の図は、公園や野原などで見かける植物の、花とたねです。次の問いに答えよう。

花 ホウセンカ
たね（じっさいの大きさ）
花 ヒマワリ
たね（じっさいの半分）
花 マリーゴールド
たね（じっさいの半分）
校庭の花だんでも見かけるね

(1) 上の図の□に、それぞれの植物の名前を、下の□□からえらんでかこう。

ヒマワリ　マリーゴールド　ホウセンカ

(2) 下の図は、大いたねをまくようすです。□にあてはまる言葉をかこう。

 土 を入れる。 → たね をまくあなをあけて、たねをまく。 → 水 をやる。

⭐2 次の□に、「ヒマワリ」、「ホウセンカ」からあてはまる言葉をかこう。
(1) □□□□のたねは平たく、白と黒のしまもようがある。
(2) □□□□□のたねは茶色で、小さくてかたい。

(1) ヒマワリ
(2) ホウセンカ

だいじな まとめ
たねは｛土・アスファルト｝にまき、（水）をかける。

考え方 ⭐1 ホウセンカもヒマワリもマリーゴールドも、それぞれ形はちがいますが、すべてたねから育ちます。たねをまき、水やりをして、しばらく待つと、めが出てきます。

右上につづく

❶ 下の図は、ホウセンカとヒマワリの、めが出てから育つようすです。図の □ にあてはまる言葉を、下の □ からえらんでかこう。同じものを2回使ってもよいです。

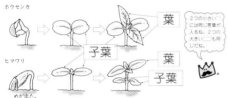

ホウセンカ

葉
子葉
葉

2つの小さい □ には同じ言葉が入るね。2つの大きい □ も同じだね。

ヒマワリ

葉
子葉

めが出た。

| たね | 葉 | 子葉 | 花 |

❷ 下の図は、ビニルポットからプランターへ、ホウセンカを植えかえるようすです。□ にあてはまる言葉をかこう。

ビニルポット を外す。 → 土に植える。 → 水 をやる。

たねから（め）が出て、はじめに出るのは {子葉・花} て、次に出るのは {子葉・葉} である。子葉と葉は {同じ・ちがう} 形をしている。

考え方 ❶ ホウセンカやヒマワリ、マリーゴールドなどの植物で、めが出てからはじめに出る葉は、次に出る葉とはちがう形をしていて、子葉とよばれます。

6 植物のきろくのしかた (p.8)

❶ 下の図は、ホウセンカのめばえをきろくしたカードです。□ にあてはまる言葉をかこう。

題名 → ホウセンカのめばえ 4月23日 大林まなり → 名前

日づけ

スケッチ
（色や形がわかるようにかく。）

文で きろく する。

（見つけたこと）
めが出た。たねのかわのようなものがついていた。
（考えたこと）
こいろの葉は、どんな形をしているんだろう。

かんさつしたことはていねいにメモしよう。

❷ 下の(1)、(2)の図は、どちらも草たけ（植物の高さ）をはかっているようすです。（　）にあてはまる言葉を、下の □ からえらんでかこう。

(1) ものさしで、（地面）からいちばん上の葉のつけ根までをはかっている。

(2) 紙（テープ）を使って、はかっている。

| テープ | 地面 |

❸ 次の □ に、あてはまる言葉をかこう。
(1) かんさつしたことは、文とスケッチで □□□ する。 (1) きろく
(2) 見つけたことや考えたことは、□ できろくする。 (2) 文

（きろく）をつづけていき、きろくカードをためると、どのように {育ってきたか・めが出たかだけ} がわかる。

考え方 ❶ めが出てから、かんさつのきろくをつづけていくと、植物がどのように育っていったかがわかります。きろくにはスケッチや文をかいて、題名や日づけ、名前もかきます。

❶ 下の①～③のたねをまいて育てると、それぞれどんな花がさきますか。あ～うの図からえらんで、（　）に記号をかこう。また、植物の名前を、下の □ からえらんで、（　）にえ～かの記号でかこう。

① 花（い） 名前（お）
② 花（あ） 名前（か）
③ 花（う） 名前（え）

（え）マリーゴールド （お）ヒマワリ （か）ホウセンカ

❷ 下のあ～うの図は、ホウセンカのめが出てから葉が出るまでのようすです。育つじゅん番に、（　）にあ～うの記号をかこう。

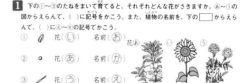

正しいじゅん番 1番目（う）⇨2番目（あ）⇨3番目（い）

❸ 下の図は、ヒマワリをかんさつしたきろくです。○○○○には何をかくとよいですか。右の □ からえらんで、（　）に記号をかこう。

（あ）←
自分の名前

（う）

→（え）

あ 日づけ ⓘ 先生の名前
う 見つけたことや考えたこと
え 題名

考え方 ❶ 植物のしゅるいによって、たねや花や葉の形や色、大きさに、それぞれとくちょうがあります。❷ め→子葉→葉のじゅんに出てきます。

8 チョウのたまご・よう虫 (p.10)

❶ 下の図は、チョウのかんさつに出かけて見つけたものです。□ にあてはまる言葉をかこう。

| アブラナの花 | キャベツの葉 | キャベツの葉 | ミカンの葉 |

黄色いつぶ

花の みつ をすうモンシロチョウ

モンシロチョウの たまご

よう虫が食べて あな の開いた葉

アゲハの たまご

❷ モンシロチョウとアゲハのたまごを見つけて、それぞれ育てました。次の問いに答えよう。
(1) モンシロチョウのたまごとよう虫に○をつけよう。

（　）（○）（　）（○）

(2) それぞれのたまごを見つけた場所を、□ からえらんで記号をかこう。

モンシロチョウのたまご （う）
アゲハのたまご （あ）

あ ミカンの葉 ⓘ 土の上
う キャベツの葉 え 石の上

チョウのたまごから、よう虫がかえる。よう虫は、食べ物を {食べて・食べないで} 育つ。

考え方 ❷ モンシロチョウとアゲハは、たまご→よう虫と育つじゅんは同じですが、すがたや食べ物はちがいます。

右上につづく

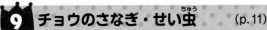

9 チョウのさなぎ・せい虫 (p.11)

1 下の図は、モンシロチョウとアゲハのよう虫がせい虫になるまでのようすです。
( )にあてはまる言葉を、下の□□からえらんでかこう。

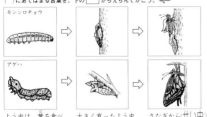

モンシロチョウ

アゲハ

よう虫は、葉を食べ、
(皮)をぬぐたびに
大きくなる。

大きく育ったよう虫
は、やがて(さなぎ)
になる。

さなぎから(せい虫)
が出てくる。

チョウには、たまご、よう虫、さなぎ、せい虫の4つのすがたがあるよ。

さなぎ	皮	せい虫

2 次の問いの□に、あてはまる言葉をかこう。

(1) チョウのよう虫は、葉を食べてふんをし、皮
をぬぐたびに□□くなる。

(1) 大き

(2) 大きくなったよう虫は、せい虫になる前に、
□□□になり、せい虫になるじゅんびをする。

(2) さなぎ

だいじなまとめ チョウの(よう虫)は、大きくなると{さなぎ・たまご}になる。{さなぎ・せい虫}は、じっとしていて動かず、何も食べない。

考え方 **1 2** モンシロチョウもアゲハも、よう虫は皮をぬぐたびに大きくなり、さなぎになると、何も食べずに動かなくなります。やがてさなぎの中からせい虫が出てきます。

10 チョウのせい虫の体 (p.12)

1 下の図は、モンシロチョウの体のつくりです。□にあてはまる言葉を、下の□□からえらんでかこう。

しょっ角

目

頭

むね

はら

あし

見た目はちがうけど、アゲハも同じしくりをしているよ。

むね	頭	しょっ角	はら	あし	目

2 次の文で、正しいものには○、まちがっているものには×をかこう。

(1) モンシロチョウもアゲハも、頭にしょっ角や
目がついている。

(1) ○

(2) モンシロチョウのあしは6本あり、アゲハの
あしは8本ある。

(2) ×

(3) 体が、頭・むね・はらの3つの部分からなり、
むねに6本のあしがある動物を、こん虫という。

(3) ○

(4) こん虫は、おもにはらで身の回りのようすを
感じ取る。

(4) ×

だいじなまとめ チョウの体は、頭・むね・はらの3つの部分からできていて、{むね・はら}にはあしが{6本・8本}ついている。このような体のつくりの動物を(こん虫)という。

考え方 **1 2** チョウの体は、頭・むね・はらの3つの部分からできていて、むねには6本のあしがついています。このような体のつくりをしている動物をこん虫といいます。

11 まとめのテスト1 (p.13)

1 モンシロチョウが育っていくようすを正しく表しているものの( )に○をつけよう。

( )

( )

(○)

( )

2 次のものを食べるのは、下の①～③の図のどれですか。それぞれの食べ物の( )に番号をかこう。

キャベツの葉

花のみつ

(①)

(③)

①

モンシロチョウの
よう虫

②

モンシロチョウの
さなぎ

③

モンシロチョウの
せい虫

考え方 **1** モンシロチョウはせい虫になるまでに、たまご→よう虫→さなぎ→せい虫、のじゅんに、すがたをかえながら育ちます。**2** 育っていくと、食べ物がかわります。

12 まとめのテスト2 (p.14)

1 アゲハとモンシロチョウがどこにたまごをうむのかを調べました。次の問いに答えよう。

(1) アゲハ、モンシロチョウがたまごをうむ場所をそれぞれ線でつなごう。

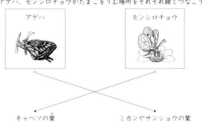

アゲハ

モンシロチョウ

キャベツの葉

ミカンやサンショウの葉

(2) チョウが、それぞれ決まった葉にたまごをうむ理由をかこう。

(たまごをうんだ葉がよう虫のえさになるから。)
(たまごからかえったよう虫がその葉を食べて育つから。)

2 チョウの成虫についての次の文で、正しいものには○、まちがっているものには×をかこう。

(○)あしが6本ある。
(×)あしが8本ある。
(○)体は、頭・むね・はらの3つに分かれている。
(×)体は、頭・はらの2つに分かれている。
(×)あしは、はらについている。
(○)あしは、むねについている。
(×)はらにふしはない。
(○)目やしょっ角で身の回りのようすを感じ取る。

考え方 **1** チョウは、それぞれ決まったしゅるいの植物にたまごをうみます。**2** チョウの成虫の体は、頭・むね・はらの3つに分かれていて、むねに6本のあしがついています。

60

右上につづく

13 植物の育ち (p.15)

1 下の図は、ホウセンカをかんさつし、きろくした草たけを、表とグラフで表したものです。グラフの　には あてはまる言葉を、表の　には数字をかこう。

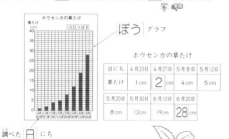

ぼう グラフ

ホウセンカの草たけ

日にち	4月23日	4月27日	5月8日	5月12日
草たけ	1cm	2cm	4cm	5cm

5月20日	5月30日	6月10日	6月20日
8cm	12cm	19cm	28cm

調べた 日 にち

2 1のぼうグラフを見て、　にあてはまる言葉や数字をかこう。
(1) たてじくは、□□□を表している。　　(1) 草たけ
(2) たてじくの1目もりは、□cmを表している。(2) 1

だいじなまとめ　草たけや、葉の数など、{文・数字}で表せるものは、(ぼうグラフ)をかくと、くらべやすくなる。

考え方 1 草たけなど、数字で表せるものは、ぼうグラフで表すことで、そのかわり方がよくわかります。 2 このぼうグラフでは、草たけをくらべるためにたてじくに表します。

14 植物のつくり (p.16)

1 下の図は、ホウセンカとマリーゴールドのつくりを表しています。　にあてはまる言葉を、下の　からえらんでかこう。

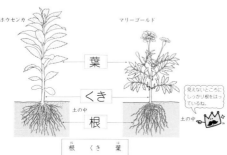

ホウセンカ　マリーゴールド

葉

くき

根

根　くき　葉

2 1の植物についての次の文で、正しいものには〇、まちがっているものには×をかこう。
(1) 根しかないものや葉しかないものがある。　(1) ×
(2) 根・くき・葉がある。　(2) 〇
(3) 葉や花は、くきについている。　(3) 〇
(4) 葉は、根から出てくる。　(4) ×
(5) 植物のしゅるいによって、色、形、大きさがちがう。(5) 〇

だいじなまとめ　植物の体は、根・くき・葉からできていて、葉や花は(くき)につき、{くき・根}は土の中にのびている。

考え方 1 2 植物には、根・くき・葉があります。根は土の中にのび、体をささえ、水をすうはたらきをしています。

15 まとめのテスト (p.17)

1 下の図は、ツユクサのつくりを表しています。次の問いに答えよう。

ツユクサ

葉

くき

根

くき
葉
根

(1) 　にあてはまる言葉を上の　からえらんでかこう。
(2) 根、くき、葉の形は、植物のしゅるいによってちがうかな、ちがわないかな。(ちがう。)

2 次の文は、下のヒマワリの図の①〜③のどの部分のことですか。( )に①〜③の番号と、①〜③の部分のよび方をかこう。

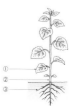

(1) たねからめが出た後、子葉の次に出る部分。
・番号(①)、よび方(葉)
(2) 土の中にのびて、水をすったり、体をささえたりしている部分。
番号(③)、よび方(根)
(3) 土の上にのびている部分。葉や花はこの部分についている。
番号(②)、よび方(くき)

考え方 1 植物の体のつくりは、根・くき・葉からできています。葉の形やたねの形などのとくちょうは、しゅるいによってさまざまです。

16 こん虫のすみか (p.18)

1 いろいろなこん虫のよう虫を、いろいろな場所で見つけました。それぞれの　に、こん虫の名前と見つけた場所を、下の　からえらんでかこう。

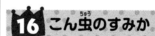
アゲハ のよう虫
オオカマキリ のよう虫
ミカン の葉
カブトムシ のよう虫
土 の中

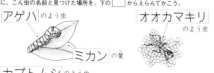

| カブトムシ　アゲハ　オオカマキリ |
| 土　ミカン　キャベツ　ミツバチ |

2 下のこん虫のすみかを、下の　からえらんで　にかこう。

すみか 野原
アゲハ

ナナホシテントウ　オオカマキリ

土　水　海岸
野原

すみか 土 の中

クロヤマアリ

どこをさがせばこん虫が見つかるかな。

だいじなまとめ　(こん虫)は、食べ物の{ある・ない}場所や、かくれるところがある場所に多くいる。こん虫は、まわりのしぜんとかかわり{合わずに・合って}生きている。

考え方 2 こん虫はしゅるいにより、すみかや食べ物がちがいます。

右上につづく

17 こん虫の体のつくり (p.19)

1 下の図はこん虫の体のつくりを表したものです。□にあてはまる言葉をかこう。ただし、同じ番号には同じ言葉が入ります。

ショウリョウバッタ

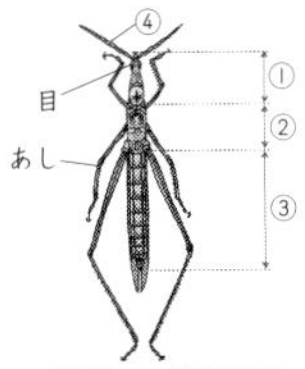

④
目
あし
①
②
③

アキアカネ

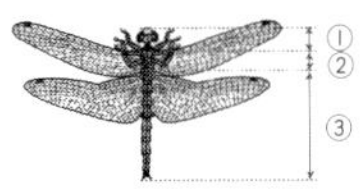

①
②
③

モンシロチョウ

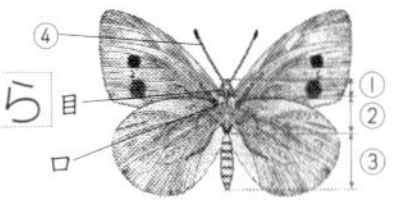

④
目
口
①
②
③

① 頭 ② むね ③ はら
④ しょっ角

2 次の文の□に、あてはまる言葉をかこう。
(1) こん虫は、頭についている目や□□□□で、身の回りのようすを感じ取る。
(2) こん虫の体は、頭・むね・□□の3つに分かれている。
(3) こん虫のむねには、6本の□□がついている。はねのあるこん虫もいる。

(1) しょっ角
(2) はら
(3) あし

だいじなまとめ こん虫のせい虫の体は、目やしょっ角がある（頭）、6本のあしがある（むね）、（はら）の3つに分かれている。

考え方 1 バッタ、トンボ、チョウのなかまはこん虫なので、体のつくりは同じで、頭・むね・はらの3つの部分からできています。ほかにもこん虫のなかまはたくさんいます。

18 こん虫の育ち (p.20)

1 下の図は、こん虫の育つようすを表しています。□にあてはまるこん虫の名前や、育つとちゅうを表す言葉をかこう。こん虫の名前は「モンシロチョウ」、「アキアカネ」からえらぼう。

アキアカネ（トンボ）

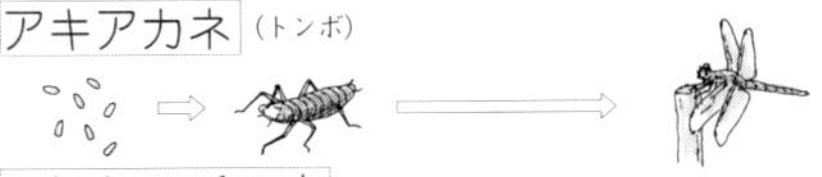

モンシロチョウ（チョウ）

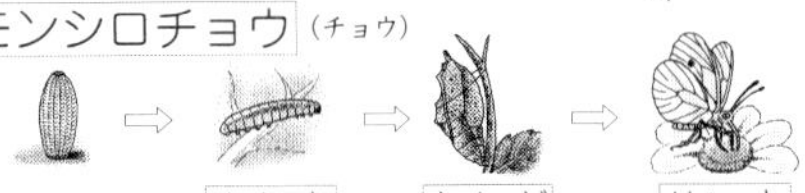

たまご → よう虫 → さなぎ → せい虫

2 次のこん虫の育ちについての文で、正しいものには○、まちがっているものには×をつけよう。
（×）バッタやトンボは、よう虫の次にさなぎになる。
（○）チョウのよう虫は皮をぬいで大きくなる。

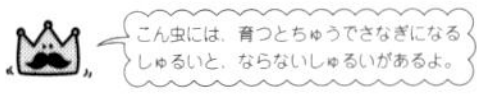

こん虫には、育つとちゅうでさなぎになるしゅるいと、ならないしゅるいがあるよ。

だいじなまとめ こん虫には、チョウのように、（たまご）→（よう虫）→（さなぎ）→（せい虫）のじゅんに育つものと、トンボのように、たまご→（よう虫）→せい虫のじゅんに育つものがある。

考え方 1 こん虫には、さなぎになるしゅるいと、さなぎにならないしゅるいがあります。
2 バッタやトンボは、さなぎにならず、よう虫の次はせい虫になります。

19 まとめのテスト (p.21)

1 下のあ～かの図には、こん虫ではないものが2ついます。下の（ ）に記号をかこう。

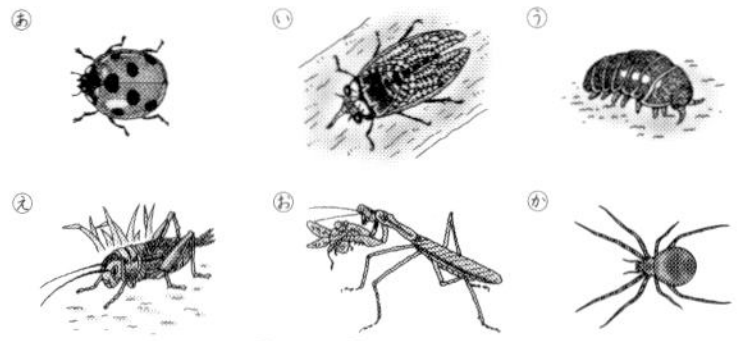

あ
い
う
え
お
か

こん虫ではないもの（う）（か）

2 下のあ～えの図のこん虫について、次の問いに記号で答えよう。

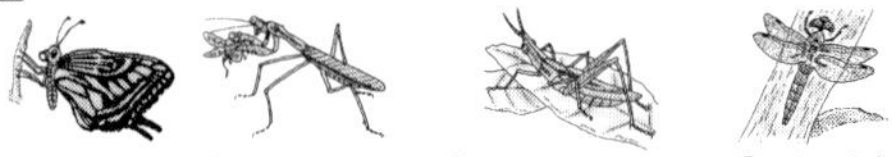

あアゲハ　いオオカマキリ　うショウリョウバッタ　えアキアカネ

(1) たまご→よう虫→せい虫、と育つもの。（い）（う）（え）
(2) よう虫のときは水の中でくらすもの。（え）

3 次の文で、モンシロチョウについてかかれたものには「モ」、アキアカネについてかかれたものには「ア」とかこう。
（モ）せい虫の食べ物は、花のみつである。
（ア）せい虫の食べ物は、ほかの虫である。
（モ）さなぎになる。
（ア）さなぎにならない。

考え方 1 こん虫は6本あしなので、8本あしのクモや、さらに多くのあしをもつダンゴムシは、こん虫ではありません。

20 花がさいているとき・実 (p.22)

1 下の図は、3しゅるいの植物の、花がさく前からさいた後のようすを表しています。□にあてはまる植物の名前や言葉をかこう。

ホウセンカ

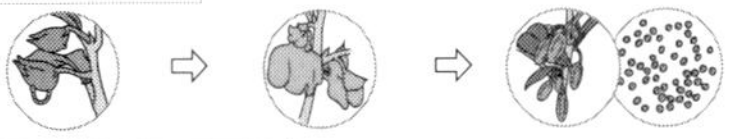

マリーゴールド

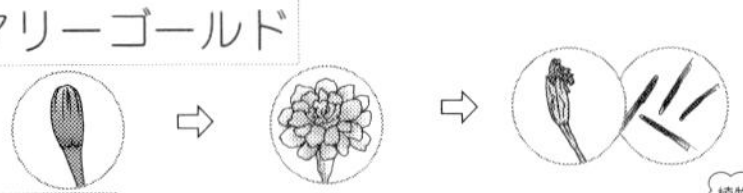

ヒマワリ

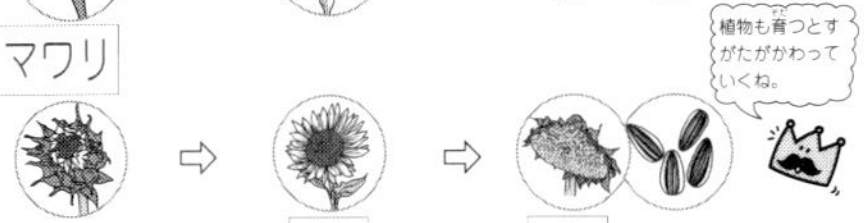

植物も育つとすがたがかわっていくね。

つぼみ → 花 → 実　たね

2 次の文で、正しいものには○、まちがっているものには×をかこう。
(1) 実は、花がさく前にできる。 (1) ×
(2) 実は、花がさいた後にできる。 (2) ○
(3) 実の中には、花びらが入っている。 (3) ×

だいじなまとめ （実）は｛花・葉｝がさいた後にでき、｛たね・根｝が入っている。

考え方 1 2 ホウセンカ、マリーゴールド、ヒマワリは、それぞれ花やたねの形や色などがちがいますが、3つともつぼみ→花→実のじゅんに育ちます。実の中にはたねがあります。

右上につづく

21 植物の一生のまとめ (p.23)

① 下の図は、ホウセンカが育つじゅんじょを表しています。□にあてはまる言葉をかこう。

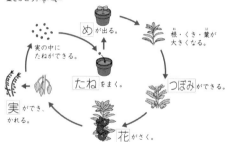

- め が出る。
- 根・くき・葉が大きくなる。
- つぼみ ができる。
- 花 がさく。
- 実 ができ、かれる。
- 実の中にたねができる。
- たね をまく。

② ホウセンカ、マリーゴールド、ヒマワリの育ち方について、次の問いに答えよう。

(1) 花がさいた後に、同じところにできるものは何かな。
(2) (1)の中には何が入っているかな。
(3) (2)は、植物を育てはじめるときに土にまくのと同じよびかたのものかな。ちがうかな。

(1) 実
(2) たね
(3) 同じ

 だいじなまとめ ホウセンカ、マリーゴールド、ヒマワリなどでは、花がさいて、実ができ、(たね)ができるといった育ち方のじゅんじょが { ちがう・同じ } である。

考え方 ①② ホウセンカ、マリーゴールド、ヒマワリは、たね→め→根・くき・葉のせいちょう→つぼみ→花→実→たね→…というじゅんに育ち、花のついていたところに実ができます。

22 まとめのテスト (p.24)

1 次の(1)、(2)のそれぞれで、育つじゅんじょを正しく表しているものは⑤〜⑤のうちどれですか。正しいものの記号を（　）にかこう。

(1) ヒマワリ　正しいじゅんじょ（ ⑤ ）

(2) マリーゴールド　正しいじゅんじょ（ ⑤ ）

2 ホウセンカ、ヒマワリ、マリーゴールドの育ち方について、次の文で正しいものには○、まちがっているものには×をかこう。

(×) 実は、根の先にできる。
(×) 実ができた後に花がさく。
(○) 実の中にたねが入っている。
(○) 実は、花がついていたところにできる。

考え方 12 たねができる植物であるヒマワリもマリーゴールドも、育つじゅんじょは同じです。

23 かげのでき方と太陽 (p.25)

① 下の図のようにして、太陽とかげをかんさつしました。（　）にあてはまる言葉を下の□からえらんでかこう。

(1) 太陽の光を（ 日光 ）という。
(2) 目をいためないように、（ しゃ光板 ）を通して太陽を見る。
(3) かげは、太陽の光をさえぎるものがあると、太陽の（ 反対 ）がわにできる。
(4) かげがいくつかあるとき、どれも（ 同じ ）向きにできる。

| 反対 | 同じ | しゃ光板 | 日光 |

② 下の図で、かげの向きが正しいものには○、まちがっているものには×をかこう。

（ × ）　（ × ）　（ ○ ）

（ ○ ）　（ × ）　（ ○ ）

 だいじなまとめ かげは（ 日光 ）をさえぎるものがあると、太陽 { と同じ・の反対 } がわにできる。もののかげは、どれも { 同じ・ちがう } 向きにできる。

考え方 ①② 日光をさえぎってできるかげは、いつも太陽とは反対がわの向きにできています。

24 太陽のいちとかげの向き (p.26)

① 太陽が動いていることをかくにんするために、太陽がビルにかくれていくようすをかんさつしました。（　）にあてはまる言葉をかこう。

ビルのかげをかんさつする人

いつのまにか日かげになっていることがあるよね。

(1) 太陽をかんさつするときは、（ しゃ光板 ）を使ってかんさつする。
(2) ビルのかげが動いているのは、（ 太陽 ）が動いているからである。

② 下の図のようにして、かげの向きと太陽のいちのかんけいを、1日のうちで、3回にわたり調べました。（　）にあてはまる言葉をかこう。

（ かげ ）の向きのきろく　（ 太陽 ）のいちのきろく

- きろくを見ると、かげは（ 西 ）から北を通って（ 東 ）へ動いている。
- きろくを見ると、太陽は（ 東 ）から南を通って（ 西 ）へ動いている。
- どの時間でも、かげは太陽の（ 反対（ぎゃく） ）がわにできる。
- 太陽のいちをかんさつするときは、かならず（ しゃ光板 ）を使う。

 だいじなまとめ 時間がたつと（ 太陽 ）は、{ 東・西 } から { 北・南 } の空の高いところを通り、{ 東・西 } へと動く。

考え方 ② 日光をさえぎってできるぼうのかげの向きは、太陽が動くことでかわっていきます。太陽はきそく正しく動くので、太陽のいちでだいたいの時こくを知ることができます。

右上につづく⬆

25 かげや太陽の向きの調べ方 (p.27)

1 次の問いに答えよう。

(1) 右の図は、ほういを知るための道具です。□にあてはまる言葉をかこう。

(2) 図の□に、東、西、南、北のほういのどれかをかこう。

(3) はりが指して止まるほういを2つかこう。

(北 と 南)

名前 ほういじしん

2 下の図は、ほういじしんとほういの合わせ方のせつめいです。□にあてはまる言葉をかこう。

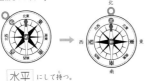

はりが止まってから文字ばんを回して、 北 の文字を、はりの色のついているほうに合わせる。

水平 にして持つ。

3 次の文の（ ）に、あてはまる言葉をかこう。

・ほういじしんのはりは、北と（①）を指して止まる。① 南

・北に顔を向けると、右がわは東に、左がわは（②）になる。② 西

だいじなまとめ （ ほういじしん ）のはりは、{ 北と南 ・東と西 }を指して止まる。

考え方 **1** 東西南北のほういは、ほういじしんで調べることができます。ほういじしんのはりは、北と南を指します。

26 日なたと日かげの地面のちがい (p.28)

1 日なたと日かげの地面のちがいをさわって調べ、表にまとめました。（ ）に、「日なた」、「日かげ」のあてはまるほうをかこう。

日なた　日かげ

日なたと日かげの地面のちがい

	（ 日なた ）	（ 日かげ ）
明るさ	明るかった	暗かった
あたたかさ	あたたかかった	つめたかった
しめりぐあい	かわいていた	少ししめっていた

2 下の図のように、日なたと日かげの地面の温度を、それぞれ午前9時と正午の2回ずつ温度計ではかり、けっかを表にしました。表の①、②は、日なたか日かげかを答えよう。

	午前9時	正午
①	14℃	20℃
②	13℃	15℃

① (日なた)
② (日かげ)

3 次の文で、正しいものには○、まちがっているものには×をかこう。

(1) 日なたは、日光が当たっている。(1) ○

(2) 日かげの地面は、日なたの地面よりあたたかい。(2) ×

(3) ずっと日なたになっている地面はしめっている。(3) ×

(4) 日かげは日なたよりも暗い。(4) ○

だいじなまとめ 日光が当たっているところが { 日なた ・日かげ } であり、その（ 地面 ）は { あたたかい ・つめたい }。

考え方 **1** 日なたは日光が当たっているので明るく、あたたかいです。

27 温度計の使い方 (p.29)

1 下の図は、温度計とその読み方を表しています。□にあてはまる言葉を、下の□からえらんでかこう。

(1)　　　　(2) 目もりの読み方

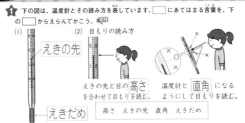

えきの先
えきだめ

えきの先と目の 高さ を合わせて目もりを読む。

温度計と 直角 になるようにして目もりを読む。

高さ　えきの先　直角　えきだめ

2 下の温度計の目もりを読んで、（ ）に「17」、「18」の数字をかこう。

①（17）℃　②（17）℃　③（18）℃　④（18）℃

下の目もりに近い　上と下の目もりの真ん中　上の目もりに近い

3 次の文で、正しいものには○、まちがっているものには×をかこう。

(1) 温度は「度」と読み、「℃」とかくたんいを使う。(1) ○

(2) 温度計のえきの先が動いている間に目もりを読む。(2) ×

だいじなまとめ （ 温度計 ）は、{ えきの先 ・えきだめ } にふれているものの温度をはかる。

考え方 **1** 温度計の目もりを読むときは、真正面から目もりを読むようにします。 **3** (2)えきの先が動かなくなってから、目もりを読まないと、正しい温度をはかったことになりません。

28 まとめのテスト1 (p.30)

1 次の問いに答えよう。

(1) 下の図の（ ）に、日なたにはⓐ、日かげにはⓘとかこう。

温度が高い
温度がひくい

(2) 次の文で、日なたのとくちょうにはⓐ、日かげのとくちょうにはⓘとかこう。

（ⓐ）あたたかく感じた。

（ⓘ）つめたく感じた。

（ⓘ）暗かった。

（ⓐ）明るかった。

（ⓘ）しめっていた。

（ⓐ）かわいていた。

2 次の問いに答えよう。

(1) 温度計を読むときの正しい向きに○をつけよう。

(2) 正しいほういじしんの使い方に○をつけよう。

( )　　(○)

考え方 **1** 日光は明るさだけではなく、あたたかさもあるので、日なたは明るく、あたたかくなり、日光がとどかない日かげは暗く、つめたくなります。

64

右上につづく

29 まとめのテスト2 (p.31)

1 温度計で、地面の温度をはかりました。次の問いに答えよう。

(1) 日なたと日かげの地面の温度を、右の図のようにしてはかりました。□にあてはまる言葉をかこう。

日光 をさえぎって日かげをつくる。
土の中に えきだめ を入れる。

(2) 午前9時と正午に、日なたと日かげの地面の温度をはかりました。右の図で、上の□には「日なた」または「日かげ」を、下の( )には読み取った温度を数字でかこう。

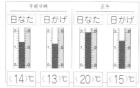

午前9時		正午	
日なた	日かげ	日なた	日かげ
(14)℃	(13)℃	(20)℃	(15)℃

2 次の文で、1の(2)のけっかからいえることとして、正しいものには○、まちがっているものには×をかこう。

(1) 同じ時こくでは、日なたの地面のほうが日かげの地面よりも温度が高い。　(1) ○

(2) 午前9時から正午にかけて、日なたは温度が高くなったが、日かげは日なたほど高くならなかった。　(2) ○

(3) 午前9時から正午にかけて、日なたは温度が高くなったが、日かげは温度がひくくなった。　(3) ×

(4) 午前9時の日なたと正午の日かげでは、正午の日かげの温度のほうが高かった。　(4) ○

(5) 日なたと日かげの温度のちがいは、正午よりも午前9時のほうが大きかった。　(5) ×

考え方 1 (1)地面の温度を正しくはかるためには、えきだめを土の中に入れ、温度計に日光が当たらないようにします。

---

30 はね返した日光の明るさと温度 (p.32)

1 かべにはりつけただんボール紙に、かがみではね返した日光を当てました。次の問いに答えよう。

①かがみがないとき　②かがみが1まいのとき　③かがみが3まいのとき

(1) かがみではね返した日光は、どのように進むかな。( )にあてはまる言葉をかこう。

はね返した日光は、(まっすぐ)に進む。

(2) だんボール紙が一番明るく見えるのは、かがみが何まいのときかな。□にあてはまる数字をかこう。

かがみが 3 まいのとき。

(3) 図の①～③のそれぞれで、だんボール紙の温度をはかると、ひくいほうから、24℃、26℃、31℃でした。それぞれの□にあてはまる数字をかこう。

①のとき 24 ℃　②のとき 26 ℃
③のとき 31 ℃

(4) 次の文の( )にあてはまる言葉をかこう。

かがみではね返した日光が当たったところは(明る)く、温度が(高)くなる。はね返した日光が重なるところは、より(明る)く、より温度が(高)くなる。

 だいじなまとめ かがみではね返した(日光)は、(まっすぐに・曲がりながら)進み、たくさん重ねて当てると、当たっているところは、より(暗く・明るく)、より温度が高くなる。

考え方 1 かがみではね返した日光は、いくつも重ねることができます。はね返した日光をたくさん重ねると、光が当たっているところは、より明るく、より温度が高くなります。

---

31 虫めがねで日光を集めよう (p.33)

1 図を見て、( )にあてはまる言葉をかこう。

(1) 虫めがねで集めた日光を、黒い紙に当てて、かんさつしました。

虫めがねで日光を当てた部分の明るさは、ほかの部分より(明るい)。

(2) 日光が当たっている明るい部分を、大きくしたり小さくしたりしてくらべました。( )に「大きい」または「小さい」をかこう。

明るい部分　　明るい部分
大きい　　　小さい

明るい部分が(小さい)ほうが、(大きい)ほうよりも明るい。
明るい部分が(小さい)ほうが、(大きい)ほうよりも紙があつくなる。

(3) (2)の②の、明るい部分を小さくして、虫めがねで黒い紙に日光を当てつづけました。

やがて紙が(こげ)て、けむりが出てくる。

2 虫めがねで日光を集めて、黒い紙に当てました。次の文の□に、あてはまる言葉をかこう。

(1) 虫めがねと黒い紙の□□□をかえると、日光が当たっている明るい部分の大きさがかわる。　(1) きょり

(2) 日光が当たっている明るい部分が大きいほうが、小さいほうよりも明るくなく、紙が□□□ならない。　(2) あつく

 だいじなまとめ (虫めがね)で集めた日光は、明るい部分を小さくするほど(明るく・暗く)なり、(あつく・つめたく)なる。

考え方 1 2 虫めがねを使うと日光を集めることができます。虫めがねのいちを調せつして、日光が当たる明るい部分を小さくしていくと、当てている紙があつくなり、やがてこげます。

---

32 音が出るときのようすとつたわり方 (p.34)

1 音が出ているときのもののようすについて、( )にあてはまる言葉をかこう。

(1) ものから音が出るとき、ものは(ふるえて)いる。
ふるえを止めると、音は(とまる)。

(2) トライアングルをたたく強さをかえて、音の大きさがどうなるのかを調べました。「大き」「小さ」のあてはまるほうをかこう。

トライアングルを強くたたくと、(大き)い音が出る。また、トライアングルを弱くたたくと、(小さ)な音が出る。

大きい音はふるえが(大き)く、小さい音はふるえが(小さ)い。

2 音がつたわるときのもののようすについて、糸電話をつくって調べます。( )にあてはまる言葉をかこう。

(1) 糸電話の糸をピンとはって、話します。
話しているときに糸にそっとふれると、糸が(ふるえて)いる。

(2) 糸電話で話しているときに、糸をつまみます。
糸をつまむと(ふるえ)が止まって、(音(声))はつたわらなくなる。

 だいじなまとめ ものから音が出ているとき、ものは(ふるえて)いる。大きい音は、ふるえが(大きい・小さい)。音がつたわるとき、音をつたえているものは、ふるえている。

考え方 1 2 音が出たりつたわったりするとき、ものはふるえています。音の大きさがかわると、もののふるえ方もかわります。

右上につづく⤴

33 まとめのテスト1 (p.35)

1 下の図のように、かべにはりつけただんボール紙に、かがみで日光をはね返して当てました。次の問いに答えよう。実験

だんボール紙　　　　かがみなし　　　かがみ1まい　　　かがみ3まい

(1) だんボール紙が明るいものからじゅんばんに記号で答えよう。

1番目（ う ）　2番目（ い ）　3番目（ あ ）

(2) だんボール紙があたたかいものからじゅんばんに記号で答えよう。

1番目（ う ）　2番目（ い ）　3番目（ あ ）

2 下の図のように、虫めがねで日光を集めて黒い紙に当て、黒い紙を上下させて明るい部分の大きさをかえました。図を見て、次の文の（　）にあてはまるものを、あ〜うからえらんで記号で答えよう。実験

日光

・一番明るくなるのは（ う ）です。

・一番紙があつくなるのは（ う ）で、一番あたたかくないのは（ あ ）です。

・虫めがねと黒い紙をこのままにしたとき、一番はやく紙がこげて、けむりが出てくるのは（ う ）です。

3 光のせいしつについて正しいものには○、まちがっているものには×をかこう。

(1) かがみではね返した日光は、曲がりながら進む。

(2) かがみではね返した日光は、たくさん重ねて当てると、より明るくなる。

(3) 虫めがねで集めた日光は、明るい部分を小さくするほど明るくなる。

(1) ×
(2) ○
(3) ○

考え方 **1** かがみで日光をはね返し、光を重ねると、重ねる数が多いほど明るくなり、また温度も高くなります。**2** 明るい部分の大きさを調せつして、紙のようすを調べます。

34 まとめのテスト2 (p.36)

1 音が出ているときのもののようすについて、トライアングルなどを使って調べました。次の問いに答えよう。実験

①強くたたいたトライアングル　②弱くたたいたトライアングル

(1) 音が出ているものは、ふるえていますか。それとも、ふるえていませんか。

（ ふるえている。）

(2) 図の①と②で、小さい音が出ているのは、どちらのトライアングルですか。記号で答えよう。

（ ② ）

(3) たいこの音が2回聞こえました。2回目のほうが、1回目より小さな音でした。ふるえが大きかったのは、1回目ですか、2回目ですか。

（ 1回目 ）

2 音の大きさについて、（　）にあてはまる言葉を、「大きい」、「小さい」からえらんでかこう。

音の大きさ	音が出ているもののふるえ
音が（ 小さい ）	ふるえが小さい
音が（ 大きい ）	ふるえが大きい

3 音がつたわるときのもののようすについて、（　）にあてはまる言葉を「つたえている」、「つたわらない」からえらんでかこう。

(1) 音がつたわるとき、音を（ つたえている ）ものはふるえている。

(2) 音をつたえているもののふるえを止めると、音は（ つたわらない ）。

考え方 **2** 大きな音はふるえが大きく、小さい音はふるえが小さいです。**3** ふるえを止めると、音はつたわりません。

35 風のはたらき (p.37)

1 風のはたらきを調べるために、下の図のような車をつくりました。次の問いに答えよう。実験

(1) □にあてはまる言葉を、右の□からえらんでかこう。

ほ（風を受ける）
タイヤ（転がる）

タイヤ
ほ

(2) 下の図は、強い風と弱い風で車を走らせたときのきょりをきろくしたものです。図の□に、「強い」または「弱い」のどちらかをかこう。

0m　　5m　　10m

弱い（→○）
強い（→□）

○と□は、それぞれ車が止まったいち。

2 次の文で、正しいものには○、まちがっているものには×をかこう。

(1) 風にはものを動かす力はない。

(2) 風の強さがかわると、ものを動かす力の強さもかわる。

(3) 風が強いときのほうが、弱いときより、ものを遠くまで動かせる。

(1) ×
(2) ○
(3) ○

だいじなまとめ （ 風 ）の力で、ものを動かすことが { できない・**できる** }。風が強くなるほど、ものを動かすはたらきが { **大きく**・小さく } なる。

考え方 **1** (1)風の力をりようして進む車をつくります。ほが風を受けることで、車が動きます。**2** (3)強い風は、ものを動かす力も強いので、ものを遠くまで動かせます。

36 ゴムのはたらき (p.38)

1 下の図のような車をつくりました。次の問いの（　）にあてはまる言葉を、下の□からえらんでかこう。実験

車のうらのようす　クリップ　わゴム　発しゃ台

・この車は、（ ゴム ）の力で進む。

・わゴムは（ 発しゃ台 ）についている。

・車の発しゃは、車についている（ クリップ ）にわゴムを引っかけ、手で車を引っぱり、わゴムを（ のばして ）から手をはなす。

発しゃ台　クリップ　ゴム　のばして

2 **1**の車で、わゴムを引っぱる長さと、わゴムの本数をかえて、車の走るきょりを調べました。実験

①引っぱる長さをかえる。

□に「長い」または「短い」のどちらかをかこう。

短い（→○）
長い（→□）

②本数をかえる。

□に「1本」または「2本」のどちらかをかこう。

1本（→○）
2本（→□）

3 次の文で、正しいものには○、まちがっているものには×をかこう。

(1) わゴムの本数を多くすると、力は弱くなる。

(2) わゴムを長く引っぱると、力は強くなる。

(1) ×
(2) ○

だいじなまとめ （ ゴム ）の力で、ものを動かすことが { **できる**・できない }。ゴムを長くのばすほど、ものを動かすはたらきは { 小さく・**大きく** } なる。

考え方 **1** ゴムをねじったり引っぱったりして形をかえると、もとにもどろうとする力がはたらきます。この力をりようすることで、車などを動かすことができます。

右上につづく↑

37 まとめのテスト (p. 39)

1 下の図は、㋐〜㋕のようにして、それぞれ車を走らせるようすとそのけっかです。図の( )に、あてはまるものの記号をかこう。

(1) 風で動く車に、強い風を当てる場合と弱い風を当てる場合

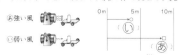

㋐強い風 （ い ）
㋑弱い風 （ あ ）

(2) ゴムで動く車のわゴムを、長く引っぱる場合と短く引っぱる場合

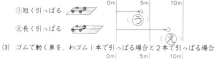

㋒短く引っぱる （ う ）
㋓長く引っぱる （ え ）

(3) ゴムで動く車を、わゴム1本で引っぱる場合と2本で引っぱる場合

㋔1本 （ お ）
㋕2本 （ か ）

2 下の図は、プロペラで動く車です。次の問いに答えよう。

わゴム
プロペラを回してわゴムをねじる
ペットボトル
ひご

(1) 図の車を動かすのにりようしている力を、右の □ から2つえらんでかこう。

（ ゴム ）の力
（ 風 ）の力

日光	ゴム
風	水

(2) 車を、より遠くまで動かすものには○、そうでないものには△をかこう。

（ ○ ）わゴムの本数をふやす。
（ △ ）わゴムをねじる回数をへらす。

考え方 **2** プロペラを回してわゴムをねじることで、ゴムの力がはたらき、プロペラが回ります。車は、プロペラが回ることで風の力がはたらき、動きます。

38 豆電球と電池のつなぎ方① (p. 40)

1 かん電池を使って豆電球に明かりをつけるとき、次の問いに答えよう。

(1) □ にあてはまる言葉を、下の □ からえらんでかこう。

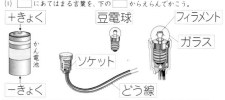
＋きょく
かん電池
豆電球
ソケット
フィラメント
ガラス
−きょく
どう線

ガラス	どう線	＋きょく	−きょく	豆電球	ソケット	フィラメント

(2) 下の図で、豆電球に明かりがつくつなぎ方には○、つかないつなぎ方には×をかこう。

（ ○ ）（ × ）（ × ）
＋きょくと−きょくにつながっているのはどれかな？

2 次の問いの□に、あてはまる言葉をかこう。

(1) 明かりがつくとき、豆電球に電池の□□□□と□□□が、どう線で1つのわのようにつながっている。
(1) ＋きょく
−きょく

(2) 明かりがつくときの電気の通り道を□□という。
(2) 回路

だいじなまとめ かん電池の＋きょく、（ 豆電球 ）、かん電池の−きょくを、1つの「わ」のようにどう線でつなぐと、豆電球の明かりは｛ つく ・きえる｝。このような電気の通り道を｛円・ 回路 ｝という。

考え方 **1** **2** かん電池には、＋きょくと−きょくがあり、＋きょくから豆電球を通り、−きょくへとつながる電気の通り道が回路です。回路になっているときは豆電球がつきます。

39 豆電球と電池のつなぎ方② (p. 41)

1 ソケットを使わないで、豆電球と電池にちょくせつどう線をつなぎました。図の( )に、正しいつなぎ方には○、まちがったつなぎ方には×をかき、文の( )にあてはまる言葉をかこう。

（ ○ ）　　（ × ）

豆電球にちょくせつどう線をつなぐときは、電気が（ 豆電球 ）のフィラメントに電気が通る（ 回路 ）になるようにつなぐ。

2 下の図と文は、どう線どうしをつなぐようすです。( )に、「ビニル」「ビニルテープ」からえらんであてはまる言葉をかこう。

①（ ビニル ）だけを取り、どう線をむき出しにする。
②ねじり合わせる。
③（ ビニルテープ ）をまく。

3 次の問いの□に、あてはまる言葉をかこう。

(1) 明かりがつくとき、かん電池の＋きょくと−きょくと豆電球は、1つの□のようにつながっている。
(1) わ

(2) 豆電球の中にも、電気が通る□□□がある。
(2) 通り道

(3) どう線を長くしても、豆電球とかん電池とどう線が□□になっていれば明かりがつく。
(3) 回路

だいじなまとめ （ かん電池 ）の＋きょく、豆電球、かん電池の（ − ）きょくを、1つの「わ」のようにどう線でつなぐと、豆電球の明かりがつく。このような電気の通り道を（ 回路 ）という。

考え方 **1** 豆電球の中は、フィラメントを通る電気の通り道があります。**2** ビニルは電気を通さないので、どう線どうしをつなぐ場合、ビニルをむいてからつなぎます。

40 電気を通すもの・通さないもの (p. 42)

1 下の図のようなそうちをつくり、電気を通すものと通さないものを調べました。次の問いに答えよう。

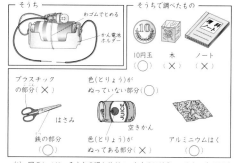
そうち
わゴムでとめる
かん電池ホルダー
そうちで調べたもの
10円玉（ ○ ）　木（ × ）　ノート（ × ）
プラスチックの部分（ × ）
はさみ
鉄の部分（ ○ ）
色（とりょう）がぬっていない部分（ ○ ）
空きかん
色（とりょう）がぬってある部分（ × ）
アルミニウムはく（ ○ ）

(1) 図の( )に、そうちの明かりがついたものには○、つかないものには×をかこう。

(2) 次の文の( )にあてはまる言葉を、下の □ からえらんでかこう。
・明かりがついたものは、（ 電気 ）を通した。
・電気を通すせいしつがある、鉄や銅、アルミニウムなどは（ 金ぞく ）とよばれる。

金ぞく	電気	空気

だいじなまとめ （ 金ぞく ）は、電気を｛ 通す ・通さない｝せいしつがあるので、金ぞくを豆電球の回路のとちゅうにつなげると、明かりが｛ つく ・つかない｝。

考え方 **1** 回路のとちゅうに金ぞくをつなぐと、金ぞくを通る回路になり、豆電球に明かりがつきます。金ぞくは鉄や銅、アルミニウムなどで、電気を通すせいしつがあります。

右上につづく ➡

1 ソケットを使わないで電池とつないで、豆電球に明かりをつけます。下の①～⑧の中で明かりがつくものには○、つかないものには×をかこう。

①（×）くっついている　②（○）　③（○）　④（×）

⑤（×）　⑥（○）　⑦（○）　⑧（×）

2 下の豆電球の図では、フィラメントのはし①がつながっている部分が見えます。はし②がつながっているところを⑤～⑤からえらんで、記号で答えよう。　（ う ）

はし① ①がつながっている部分
⑤
はし② ⑥ ⑥

1つのかん電池に2つの豆電球をつなぐとき、明かりがつくつなぎ方には○、つかないつなぎ方には×をかこう。

（ ○ ）　（ ○ ）　（ × ）　（ × ）

考え方 1 豆電球の中のフィラメントの両はしが、それぞれかん電池の＋きょくと－きょくにつながり、回路になっているときに、明かりがつきます。

1 電気を通すもの、通さないものを調べるじっけんをしました。次の問いに答えよう。

(1) 下の図で、明かりがつくものには○、つかないものには×をかこう。

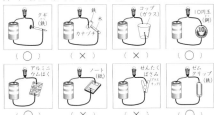

クギ（鉄）（○）　木 カナヅチ（×）　コップ（ガラス）（×）　10円玉（銅）（○）

アルミニウムはく（○）　ノート（紙）（×）　せんたくばさみ（×）　ゼムクリップ（鉄）（○）

(2) 次の中で、電気を通すものには○、通さないものには×をかこう。
（○）鉄　（×）木　（○）アルミニウム　（○）銅　（×）紙
（×）プラスチック　（×）ビニル　（×）ガラス

(3) (2)で○をかいたものは、まとめて何とよばれるかな。　（金ぞく）

2 次の文の（　）にあてはまる言葉をかこう。
かん電池の（＋）きょく、豆電球、かん電池の（－）きょくを、1つの「わ」のようにどう線でつなぐと、豆電球の明かりがつく。このような電気の通り道を（回路）という。　※＋と－は順不同

考え方 1 カナヅチのように、電気を通す鉄と、電気を通さない木でできているものは、どう線をどこにつないでいるかをよく見るひつようがあります。

1 身の回りのものがじしゃくにつくかどうかを調べて表にまとめました。下の図の調べたものを、番号で表にかき入れよう。

調べたもの
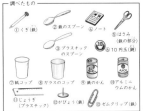
①くぎ（鉄）　②鉄のスプーン　③ノート　④はさみ（鉄の部分）　⑩10円玉（銅）　③プラスチックのスプーン　⑦紙コップ　⑧ガラスのコップ　⑨鉄のかん　⑩アルミニウムのかん　⑪じょうぎ（プラスチック）　⑫がびょう（鉄）　⑬ゼムクリップ（鉄）

じしゃくにつくもの	じしゃくにつかないもの
① ②	③ ④
⑤ ⑨	⑥ ⑦
⑫ ⑬	⑧ ⑩
	⑪

表にするとわかりやすいね。

2 次の文で、正しいものには○、まちがっているものには×をかこう。

(1) 赤いものは、すべてじしゃくにつく。　(1)　×
(2) 電気を通すものは、すべてじしゃくにつく。　(2)　×
(3) 金ぞくには、じしゃくにつかないものがある。　(3)　○
(4) じしゃくに近づけるとこわれてしまう電気せいひんがあるので、調べるときは気をつける。　(4)　○
(5) どんな形でも鉄はじしゃくにつく。　(5)　○

だいじなまとめ　（ 鉄 ）でてきているものは、（じしゃく）につく。

考え方 1 じしゃくにつくものと電気を通すものはにていますが、金ぞくでもじしゃくにつかないものはたくさんあります。電気を通すものがじしゃくにつくとはかぎりません。

1 じしゃくとゼムクリップを使って、じしゃくの力のはたらきを調べました。下の図の（　）に、じしゃくの力がはたらいているものには○、はたらいていないものには×をかき、次の文の（　）には、あてはまる言葉をかこう。

力の強さときょりはかんけいあるのかな？

N 下じき（○）　N 水（○）

・じしゃくとゼムクリップの間に、じしゃくにつかない下じきや空気や水などがあっても、じしゃくの力は（はたらく）。じしゃくを近づけると、引きつける力は（強く）なる。

2 次の文で、正しいものには○、まちがっているものには×をかこう。

(1) じしゃくの力は、じしゃくに鉄が近いほど強くはたらく。　(1)　○
(2) じしゃくの力は、じしゃくと鉄の間が少しでも空くとはたらかない。　(2)　×
(3) じしゃくと鉄の間に、プラスチックや紙があってもじしゃくの力がはたらくが、空気や水があるとはたらかない。　(3)　×

だいじなまとめ　じしゃくと鉄との間にじしゃくにつかないものがあっても、（じしゃくの力）は{はたらく・はたらかない}。

考え方 1 2 じしゃくが鉄を引きつける力は、鉄とじしゃくがはなれていても、鉄とじしゃくの間にじしゃくにつかないものがあってもはたらきます。

右上につづく↑

45 じしゃくのきょく (p.47)

1 じしゃくの力が強い部分がどこかを調べるために、ゼムクリップを使ってじっけんをしました。下の図で、正しいものには〇、まちがっているものには×をかき、次の文の（ ）には、あてはまる言葉をかこう。

（ 〇 ）　　　（ × ）　（きょく）（ × ）

・じしゃくが鉄を引きつける力は、じしゃくの（両はし）がもっとも強い。
・じしゃくの力がもっとも強い両はしを（きょく）といい、それぞれのじしゃくに（Nきょく）と（Sきょく）がある。

2 じしゃくを使って、すな場で砂鉄を集めたとき、もっとも多くさ鉄がついた部分に〇をつけました。下の図で、正しいものには〇、まちがっているものには×をかこう。

（ 〇 ）　　　（ × ）　　　（ × ）

3 次の文で、正しいものには〇、まちがっているものには×をかこう。

(1) じしゃくの真ん中に近づくほど、鉄を引きつける力が弱い。　　(1) 〇
(2) じしゃくには、きょくがないものがある。　　(2) ×

だいじなまとめ　じしゃくの両はしを（きょく）といい、力がもっとも強くはたらく。じしゃくには（Nきょく）と（Sきょく）がある。この性質は、じしゃくによって｛かわる・かわらない｝。

考え方 1 2 じしゃくの鉄を引きつける力がもっとも強くはたらく部分は両はしで、きょくといいます。2つのきょくを、それぞれNきょくとSきょくといいます。

46 じしゃくのきょくのせいしつ (p.48)

1 じしゃくどうしにはたらく力について、次の問いに答えよう。

(1) 下の図は、じしゃくどうしを近づけたときのものです。引き合うものには「→←」、しりぞけ合うものには「←→」をかこう。

（→←）　　（←→）　　（←→）　　（→←）

(2) 次の文の（ ）には、「Nきょく」または「Sきょく」が入ります。正しいほうをかこう。
・じしゃくとじしゃくを近づけると、Nきょくと（Nきょく）の間には、しりぞけ合う力がはたらく。
・じしゃくとじしゃくを近づけると、Sきょくと（Sきょく）の間には、しりぞけ合う力がはたらく。
・じしゃくとじしゃくを近づけると、Nきょくと（Sきょく）の間には、引き合う力がはたらく。

2 次の文で、正しいものには〇、まちがっているものには×をかこう。

(1) じしゃくのきょくは、両はしにある。　　(1) 〇
(2) じしゃくの形によっては、SきょくとSきょくが引き合うものがある。　　(2) ×

だいじなまとめ　2つのじしゃくの（きょく）を近づけると、同じきょくどうしは｛引き合う・しりぞけ合う｝。ちがうきょくどうしは｛引き合う・しりぞけ合う｝。

考え方 1 NきょくとSきょくの間には引き合う力が、NきょくとNきょく、またはSきょくとSきょくの間にはしりぞけ合う力が、それぞれはたらきます。

47 じしゃくが止まるときのきょくの向き (p.49)

1 じしゃくを自由に動くようにして、止まるのを待ちました。下の図から正しいものを1つえらんで〇をつけ、下の文の（ ）には、あてはまる言葉をかこう。

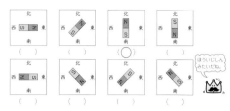

（ ）　（ ）　（ ）　（ ）

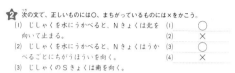

（ ）　（ ）　（ 〇 ）　　ほういじしんみたいだね。

・近くに（鉄）やほかのじしゃくがないところで、じしゃくが自由に動いて止まるようにすると、Nきょくは（北）、Sきょくは（南）を向いて止まる。

2 次の文で、正しいものには〇、まちがっているものには×をかこう。

(1) じしゃくを水にうかべると、Nきょくは北を向いて止まる。　　(1) 〇
(2) じしゃくを水にうかべると、Nきょくはうかべるごとにちがうほういを向く。　　(2) ×
(3) じしゃくのSきょくは南を向く。　　(3) 〇
(4) じしゃくのSきょくは東を向く。　　(4) ×

だいじなまとめ　自由に動き回転できるじしゃくの｛Nきょく・Sきょく｝は（北）を、｛Nきょく・Sきょく｝は南を向いて止まる。

考え方 1 2 じしゃくを自由に動くようにしておくと、Nきょくは北、Sきょくは南を向いて止まります。ただし、近くに鉄やじしゃくがあると、ずれることがあります。

48 じしゃくになるもの (p.50)

1 じしゃくに鉄をつけてからはなします。次の問いに答えよう。

(1) 下の図の正しいほうに〇をつけ、□ にあてはまる言葉をかこう。

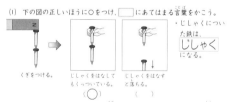

くぎをつける。　じしゃくをはなしてもくっついている。（ 〇 ）　じしゃくをはなすと落ちる。

・じしゃくについた鉄は、□じしゃく□になる。

(2) 下の図のように、じしゃくのSきょくにつけたくぎのきょくを調べました。□にあてはまる言葉をかこう。

・じしゃくにつけて、じしゃくになった鉄にも、□N□きょくと□S□きょくができる。

2 鉄のくぎをじしゃくにつけました。次の問いに答えよう。

(1) じしゃくにつけた後で、くぎは何のせいしつをもつようになるかな。　　(1) じしゃく
(2) じしゃくのきょくにつけたくぎの両はしは、何きょくと何きょくになるかな。2つ答えよう。　　(2) Sきょく　Nきょく

だいじなまとめ　じしゃくにつけた（鉄）はじしゃくに｛なる・ならない｝。

考え方 1 2 じしゃくについた鉄は、じしゃくからはなした後でもじしゃくのせいしつをもつようになります。ほかの鉄を引きつけ、NきょくとSきょくをもちます。

右上につづく

1 下の図で、じしゃくにつくものには○、つかないものには×をかこう。

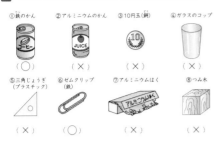

①鉄のかん (○)　②アルミニウムのかん (×)　③10円玉(銅) (×)　④ガラスのコップ (×)

⑤三角じょうぎ(プラスチック) (×)　⑥ゼムクリップ(鉄) (○)　⑦アルミニウムはく (×)　⑧つみ木 (×)

2 下の図で、正しいものには○、まちがっているものには×をかこう。

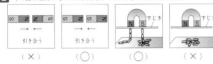

引き合う (×)　引き合う (○)　(○)　(×)

3 次の文で、正しいものには○、まちがっているものには×をかこう。
(×) Nきょくどうしは引き合い、Sきょくどうしはしりぞけ合う。
(○) Nきょくどうしも Sきょくどうしもしりぞけ合う。
(×) きょくは、じしゃくの真ん中にある。
(○) きょくは、じしゃくの両はしにある。

考え方 **1** アルミニウムや銅(10円玉)は電気を通す金ぞくですが、じしゃくにはつきません。
2 **3** N、Sの2つのきょくは、NとSは引き合い、NとN、SとSはしりぞけ合います。

1 鉄のくぎをじしゃくにつけました。 〔 〕にあてはまる言葉を○でかこもう。

・じしゃくにつけた鉄くぎは、ゼムクリップ(鉄)を 〔引きつけた・引きつけなかった〕。またきょくが〔なかった・あった〕。

2 次の問いに答えよう。
(1) 下の図で、鉄を引きつける力がもっとも強いところを、あ～おから2つえらんで記号で答えよう。

力がもっとも強いところ
(あ) (お)

(2) 下の図の⑩、③はそれぞれ何きょくかな。

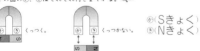

⑩ (Sきょく)
③ (Nきょく)

はってん 地球の北きょくと南きょくは、それぞれ何きょくになっているか、正しいほうに○をつけよう。ただし、自由に動くじしゃくのNきょくは、北を指します。

北きょく ( )　南きょく ( )
北きょく (○)　南きょく ( )

考え方 **1** じしゃくにつけた鉄は、じしゃくのせいしつをもつようになります。**はってん** Nきょくが引きつけられるのは、Sきょくです。

1 次の問いに答えよう。
(1) 下の図は、重さをはかる道具です。 □ にあてはまる言葉を、下の □ からえらんでかこう。

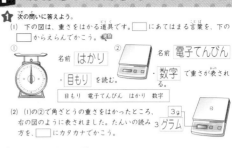

① 名前 はかり ・目もりを読む。
② 名前 電子てんびん ・数字で重さが表される。

目もり　電子てんびん　はかり　数字

(2) (1)の②で角ざとうの重さをはかったところ、右の図のように表されました。たんいの読み方を、□にカタカナでかこう。

3g
3 グラム

2 次のはかりを使うときの注意の( )に、あてはまる言葉をかこう。
(1) (平ら)(水平)なところにおいて使う。
(2) 目もりを(真正面)から読む。

3 下の図は、重さをはかる道具です。この道具の名前を □ にかき、下の文の( )にはあてはまる言葉をかこう。

名前 てんびん

・左右にのせたものの重さがちがうときは(重い)ほうにかたむく。重さが同じときは水平になって止まる。

だいじなまとめ はかりやてんびんでは、ものの {重さ・体積} をはかる。

考え方 **1** はかりは、重さをはかりたいものを上にのせると、重さの大きさの分だけはりが動いて止まります。止まったところの目もりを読むと、重さがわかります。たんいはグラムです。

1 次の問いに答えよう。
(1) 重さと形が同じ2つのねん土があります。一方のねん土をちがう形にして、てんびんで重さをくらべました。けっかが正しいものには○、まちがっているものには×をかこう。

(○)　(×)　(×)

(2) 同じ重さのつみ木を3つずつ、つみ方をかえて、てんびんの左右にのせました。けっかが正しいものには○、まちがっているものには×をかこう。

(×)　(○)　(×)

形やつみ方と重さは、かんけいあるのかな？

2 次の文で、正しいものには○、まちがっているものには×をかこう。
(1) ねん土のかたまりの形をうすい板のようにすると、重さは軽くなる。
(2) ねん土のかたまりに、新たにねん土をくわえたり、ねん土をけずったりしなければ、形をかえても重さはかわらない。
(3) つみ木はたてにつむと重くなる。

(1) ✕
(2) ○
(3) ✕

だいじなまとめ ものの(形)をかえたり、おき方をかえたりしても(重さ)はかわらない。

考え方 **1** **2** ものの形をかえたり、はかりやてんびんの上でのおき方をかえても、りょうをふやしたりへらしたりしなければ、重さはかわりません。

右上につづく↑

53 もののしゅるいと重さ (p.55)

1 次の問いに答えよう。

(1) 下の図のような、同じ体積の木のおもりあと鉄のおもりいの重さを、はかりではかってくらべました。正しいけっかのほうに〇をつけよう。

木のおもり　鉄のおもり

```
けっか
鉄のおもりは312g
木のおもりは　（　）312g
　　　　　　　（〇）18g
```

(2) (1)の2つのおもりと同じ体積で、木と鉄からできている下の図のようなおもりうがあります。(1)の木のおもりあと鉄のおもりい、うを重いじゅんに答え、下の文の（　）にあてはまる言葉をかこう。

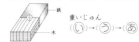

重いじゅん
（い）→（う）→（あ）

・体積が同じでも、しゅるいのちがうものでできているものは、重さが（ちがう）。

2 次の文で、正しいものには〇、まちがっているものには×をかこう。

(1) 重さが65gのプラスチックのおもりと同じ体積のゴムのおもりの重さは、かならず65gになる。

(2) 鉄でできている30gのおもりと同じ体積で形のちがう鉄のかたまりの重さは、同じく30gになる。

(1)　×
(2)　〇

　同じ（体積）のものでも、ものの｛しゅるい・形｝がちがうと重さもちがう。

考え方 **1** 同じしゅるいのものは、体積が同じならば重さも同じになります。しゅるいがちがうもの(鉄と木など)の場合は、体積が同じでも重さは同じにはなりません。

54 まとめのテスト (p.56)

1 下の図の①のようにして体重をはかりました。同じ人がちがったポーズで体重をはかったとき、①より重くなるポーズには〇、同じになるポーズには△、軽くなるポーズには×をかこう。

体重計　　（△）　　（△）　　（△）

2 次の文で、正しいものには〇、まちがっているものには×をかこう。

（〇）重さのたんいの「g」は、「グラム」と読む。
（〇）てんびんは、2つのものの重さをくらべることができる。
（×）はかりを使うときは、使う前に、はりが目もりの10を指すように調せつする。
（×）ねん土で形をつくるときは、うすい形にすると軽くなる。
（×）ねん土で形をつくるときは、四角い形にすると重くなる。
（×）つみ木はつみ方によって重さがかわる。

3 同じ形、同じ体積の鉄のスプーンとプラスチックのスプーンがあります。2つのスプーンの重さをはかったとき、重いほうのスプーンに〇をつけましょう。同じ重さのときは両方に△をつけましょう。

鉄のスプーン　　　　　　プラスチックのスプーン

（〇）　　　　　　　　（　）

考え方 **1** 体重計の上でポーズをいろいろかえても、体重はかわりません。**2** ねん土で形をつくるとき、どのような形にしても重さはかわりません。

右上につづく↱